CAMBRIDGE LIBRARY COLLECTION

Books of enduring scholarly value

Technology

The focus of this series is engineering, broadly construed. It covers technological innovation from a range of periods and cultures, but centres on the technological achievements of the industrial era in the West, particularly in the nineteenth century, as understood by their contemporaries. Infrastructure is one major focus, covering the building of railways and canals, bridges and tunnels, land drainage, the laying of submarine cables, and the construction of docks and lighthouses. Other key topics include developments in industrial and manufacturing fields such as mining technology, the production of iron and steel, the use of steam power, and chemical processes such as photography and textile dyes.

Essai sur les Moulins à Soie

From the fifteenth century, the silk industry developed in France to rival that of Italy. Taking off during the reign of Henri IV, sericulture was historically centred on Tours and Lyon. In the eighteenth century, attempts were made to introduce it to the north-east of France, to compensate for the decline of viticulture, which had until then represented the region's main economic activity. Agronomist and director of the Royal Academy of Metz, Charles-Bruno Le Payen (1715–82) was the first to breed silkworms on local mulberry leaves in 1754. He also invented a new type of silk-weaving mill. In this work of 1767, he gives a detailed and illustrated description of the structure and functioning of his mill. Le Payen also shares his views on the challenges of breeding silkworms and mulberry trees in the colder climate of Metz.

Cambridge University Press has long been a pioneer in the reissuing of out-of-print titles from its own backlist, producing digital reprints of books that are still sought after by scholars and students but could not be reprinted economically using traditional technology. The Cambridge Library Collection extends this activity to a wider range of books which are still of importance to researchers and professionals, either for the source material they contain, or as landmarks in the history of their academic discipline.

Drawing from the world-renowned collections in the Cambridge University Library and other partner libraries, and guided by the advice of experts in each subject area, Cambridge University Press is using state-of-the-art scanning machines in its own Printing House to capture the content of each book selected for inclusion. The files are processed to give a consistently clear, crisp image, and the books finished to the high quality standard for which the Press is recognised around the world. The latest print-on-demand technology ensures that the books will remain available indefinitely, and that orders for single or multiple copies can quickly be supplied.

The Cambridge Library Collection brings back to life books of enduring scholarly value (including out-of-copyright works originally issued by other publishers) across a wide range of disciplines in the humanities and social sciences and in science and technology.

Essai sur les Moulins à Soie

Et description d'un moulin

Charles-Bruno Le Payen

CAMBRIDGE UNIVERSITY PRESS

Cambridge, New York, Melbourne, Madrid, Cape Town,
Singapore, São Paolo, Delhi, Mexico City

Published in the United States of America by Cambridge University Press, New York

www.cambridge.org
Information on this title: www.cambridge.org/9781108060202

© in this compilation Cambridge University Press 2013

This edition first published 1767
This digitally printed version 2013

ISBN 978-1-108-06020-2 Paperback

This book reproduces the text of the original edition. The content and language reflect
the beliefs, practices and terminology of their time, and have not been updated.

Cambridge University Press wishes to make clear that the book, unless originally published
by Cambridge, is not being republished by, in association or collaboration with, or
with the endorsement or approval of, the original publisher or its successors in title.

ESSAI

SUR

LES MOULINS A SOIE.

ESSAI

SUR

LES MOULINS A SOIE

ET

DESCRIPTION D'UN MOULIN

PROPRE A SERVIR SEUL A L'ORGANSINAGE

ET A TOUTES LES OPÉRATIONS DU TORD DE LA SOIE;

Suivis de cinq Mémoires relatifs à la Soie & à la culture du Mûrier.

Par M. Le Payen, Procureur du Roi au Bureau des Finances de la Généralité de Metz & Alsace, de la Société royale des Sciences & Arts de la même ville.

A METZ,

Chez JOSEPH ANTOINE, Imprimeur ordinaire du Roi & de ladite Société royale des Sciences & Arts.

M. DCC. LXVII.

AUX CITOYENS DE METZ.

 **M**ESSIEURS,

En travaillant à un ouvrage que votre Académie a jugé digne d'être donné au Public, mon premier objet a été de le rendre utile à mes Compatriotes, il est bien naturel que ce soit à vous qu'il soit dédié. En vous le présentant, Messieurs, je crois m'acquitter d'un devoir de Citoyen, & je ne fais que suivre les mouvemens d'un cœur que l'amour de ma Patrie a toujours animé, j'ose espérer qu'elle agréera mon hommage.

Le Cultivateur ne retireroit qu'un avantage médiocre du commerce de sa soie s'il étoit obligé de la vendre crue & sans préparation ; d'un autre côté les dépenses excessives, soit en construction, soit en bâtimens, que lui occasionneroient les deux ou trois Moulins différens (a) qu'il a fallu jusqu'à présent pour les divers apprêts des soies, le décourageroient bientôt ; ces considérations m'ont fait consacrer mon travail à la recherche & a la composition d'une machine qui produisît elle seule l'effet des autres, & qui fut cependant d'un prix assez modique pour la mettre à la portée de tous.

En vain, M E S S I E U R S, critiqueroit-on ce plan sur lequel j'ai travaillé : je viens de faire sentir qu'il est très-propre, en menageant les facultés du Cultivateur, à fortifier dans la Province une branche précieuse d'Agriculture & de Commerce, à la naissance de laquelle j'ai la satisfaction d'avoir contribué par mon exemple ; j'ajouterai qu'il m'étoit tracé par les meilleurs Méchaniciens : personne n'ignore que leur objet est de faire produire beaucoup d'effets à leurs machines par les moyens les plus simples & les moins dispendieux. En cela, sans oser faire aucune comparaison de leurs ouvrages à ceux de la nature, ils se sont modèlés sur elle, ou plutôt ils ont suivi son exemple : vous le savez, M E S S I E U R S, elle est d'une richesse & d'une magnificence surprenante dans le dessein, mais toujours de l'épargne la plus extraordinaire dans l'exécution.

Je n'ai pas certainement assez de présomption, pour assurer, pour penser même, que j'aie frappé à ce but des bons Machinistes : cependant, M E S S I E U R S, j'ose dire que j'ai fait tous mes efforts pour y atteindre, que le Moulin à soie dont il s'agit produit les effets des autres rassemblés, & que des poulies, des petites cordes, des contre-

---

(a) Outre les deux Moulins différens, l'un du premier apprêt, l'autre du second, pour l'organsinage ; il en faut communément un troisième, pour préparer la soie aux ouvrages de bonneterie.

poids, (ouvrages aisés & à bon compte par-tout) sont seuls employés à les lui faire produire réguliérement & avec facilité; c'est ce qui me fait croire que le Cultivateur profitera de ce moyen, qu'il a à présent sous la main, pour porter sa soie à une valeur qu'elle n'auroit pas si elle n'étoit pas moulinée.

Je joins, Messieurs, à la description de cette machine, des details sur quelques découvertes relatives à la soie ou à la culture du Mûrier que l'expérience m'a fait faire; j'espere qu'ils serviront à persuader à mes Concitoyens que je ne sais rien me réserver de ce qui me paroît pouvoir leur être de quelqu'utilité: mes vœux en effet seront remplis, s'ils rencontrent dans mon ouvrage les avantages que j'ai désiré de leur procurer.

Je suis avec respect,

MESSIEURS,

Votre très-humble & très-obéissant
Serviteur, Le Payen.

AVIS AU RELIEUR.

LES quatres Planches doivent être placées toutes, & dans l'ordre des Figures, entre les pages 132 & 133 ; elles y doivent tenir à onglets, enforte qu'en s'ouvrant elles puiffent fortir entiérement du Livre, & fe voir à droite,

Il y a un carron à mettre à la place de celui pages 75 & 76 ; il fe trouve à à la fin du Privilège.

DISCOURS PRÉLIMINAIRE.

NOUS ne manquons pas d'inſtruɛtions ſur la culture du Mûrier & l'éducation des Vers à ſoie. La proteɛtion, que le Gouvernement accorde aux opérations économiques qui tendent à augmenter dans le Royaume la quantité de cette brillante & précieuſe matiere, a multiplié ſur ce ſujet les Livres & les Brochures, & nous ne ſommes embarraſſés que du choix (*a*). Quelques-uns de leurs Auteurs ont été plus loin ; ils ont joint à leurs ouvrages des inſtruɛtions ſur le tirage de la ſoie, ils ont décrit les machines qui pouvoient y ſervir, mais tous ſemblent de concert s'être arrêtés-là : & malgré mes recherches, je n'en connois aucun qui en ſoit venu à nous expliquer le moulinage de la ſoie & l'utilité de ce même moulinage, à nous donner, en un mot, la théorie & la deſcription des Moulins à ſoie de façon qu'il ſoit poſſible d'en exécuter d'après ce qu'ils en ont dit (*b*).

(*a*) On trouvera à la fin du ſecond volume des Mémoires de M. l'Abbé Boiſſier de Sauvage, ſur l'éducation des Vers à ſoie, un catalogue, de huit pages *in-8°*, des Auteurs qui ont écrit ſur les Mûriers & Vers à ſoie ; ils n'y ſont probablement pas tous.

(*b*) Je ne connois d'écrits un peu étendus ſur cette matiere, que le Mémoire de M. de *Vaucanſon*, parmi ceux de l'Académie des Sciences, année 1751, & le Mémoire fourni aux Éditeurs de l'Encyclopédie pour remplir, ſous le mot *Soie*, l'article de ſon Moulinage ; je parlerai bientôt de ces deux ouvrages.

Ce défaut d'inftruction, fur une matiere auffi importante, peut n'être pas embarraffant dans les provinces où, depuis long-tems, on fait d'abondantes récoltes de foie. Là, on a tous les jours ces machines fous les yeux : on y trouve d'ailleurs, débit de la foie en cocons ou fimplement tirée des cocons en écheveaux ; mais il n'en eft pas de même dans les provinces où (comme dans celle des Trois-Evêchés) on commence la culture de la foie. D'un côté il eft né-ceffaire, pour en faire profit ou pour la débiter, de la préparer & de la mettre en état d'être employée par l'ou-vrier ; d'un autre côté on n'y a que des idées fort impar-faites des machines qui peuvent fervir à ces préparations ; on ne doit donc pas être furpris d'y voir exécuter à grands frais, fur des deffeins donnés & tracés au hazard, des ma-chines fi défectueufes, que bientôt on les abandonne pour en conftruire d'autres à plus grands frais encore, & qui ne font cependant gueres moins imparfaites que les pre-mieres.

Les mauvais effets que pouvoit produire, fur un établiff-fement naiffant, l'exemple de dépenfes fi fortes, & cepen-dant fi infructueufes, fe font affez fentir ; il étoit donc néceffaire d'aller à la caufe du mal, c'eft-à-dire, de remé-dier au défaut d'explication fuffifante de la mécanique & de la conftruction de quelque bon Moulin à foie.

Mais ce que je viens d'expofer ne fe tournera-t-il pas contre moi ? Il eft certain, dira-t-on, qu'il ne feroit pas inutile, à l'encouragement & au progrès de la culture de la foie, que le Public eut quelqu'ouvrage bien détaillé fur fon moulinage, que le nouveau cultivateur trouvât dans ce

détail, dans une machine peu difpendieufe qui lui feroit
préfentée, les moyens de bien apprêter fa foie, & de faire
profit des récoltes qu'il commence à en faire ; il ne pourroit manquer d'accueillir cet ouvrage, il ne feroit probablement pas le feul qui le recevroit bien, il plairoit fans
doute encore à ceux à qui les circonftances interdifent
cette culture, tout eft intéreffant dans ce qui a rapport à
cette riche & belle production de la nature ;

Mais, continuera-t-on, eft-ce à vous de leur préfenter
cet ouvrage ? Il fe fait dans le Piémont & ailleurs du bel
organfin ; s'il fe trouve quelque défaut dans fa fabrique,
dans les machines qui fervent à le faire, fera-ce d'une province du nord de la France, fera-ce de cette partie où il
eft avoué que les idées du moulinage font très-imparfaites,
que la correction en arrivera ? Un homme qui aura fait
quelques effais de culture de la foie, qui en fera à fa dixiéme ou douziéme récolte, qui n'aura pas voyagé, qui
ne connoîtra pas les Manufactures de Lyon, ni les grands
moulinages d'Italie, prétendra-t-il être en état de donner
des leçons fur cette matiere importante, ou engager à donner à fon Moulin la préférence fur ceux qui y fon établis ?

J'aurai quelque chofe à dire dans la fuite fur les Moulins
de Piémont (a) ; malgré cela, je n'ai point ces prétentions.
J'ai donné l'exemple dans ma province de la culture de la
foie ; la néceffité pour le débit des récoltes, & pour ne pas

(a) Ce n'eft probablement que notre prévention en faveur de ce qui fe fait
chez l'Étranger, qui fait que nous lui portons de groffes fommes d'argent pour
avoir fon organfin ; **voyez** dans l'ouvrage la page 15 & fuivantes.

laiffer périr cette branche précieufe de commerce dans fa naiffance, m'a fait imaginer ; d'habiles gens qui connoiffent les Moulins de Languedoc & de Piémont, & qui ont bien voulu examiner le mien, ont penfé que ce que j'avois trouvé pour ma province, pourroit bien ne pas être inutile ailleurs ; ils m'ont engagé à l'offrir au Public : celui qui defire n'être pas un citoyen inutile, eft fenfible à ces fortes d'exhortations ; j'y ai déféré, voilà ma réponfe. Comparée à l'objeɛtion elle ne fera probablement pas trouvée fuffifante ; mais peut-être, dans l'hiftoire de la naiffance & des progrès de la culture de la foie à Metz, verra-t-on quelque chofe qui pourra la completter ; je demanderai la permiffion d'y entrer.

Le pays Meffin a un commerce, c'eft celui du vin qu'il produit ; mais ce commerce eft fujet à bien des revolutions : la trop grande quantité de vignes, jointe à la privation des garnifons confommatrices des vins aux premiers ordres du miniftere ou à la moindre guerre, le met, auffi-bien que la fortune du propriétaire de vignes, dans la dépendance des arrangemens & des événemens généraux. Le plus fâcheux encore, pour ce propriétaire, eft la dépenfe très-forte d'une culture qu'il faut continuer dans le tems que la confommation a ceffé, comme dans celui auquel elle avoit lieu.

Cette réflexion me fit penfer à effayer de tirer du fol de la province quelque matiere plus recherchée, d'un commerce plus étendu, moins précaire, & moins dépendant des événemens & des arrangemens généraux : on fait que la foie a tous ces avantages à la fois ; elle eft de l'ufage le plus général, du débit & du tranſport les plus faciles, de la conſervation la plus ſûre, la moins chere, & la moins ſujette à inconvéniens ; j'ai donc penſé à en eſſayer la culture, à la joindre à celle de la vigne, & à profiter par-là des idés que feu M. le Maréchal de Belle-Iſle nous avoit ſuggérées.

Ce Seigneur en effet, dès l'année 1734 ou 1735, avoit fait faire près de Metz une plantation de Mûriers qui réuſ-ſiſſoient aſſez bien, malgré les défauts du terrein bas & aquatique où ils furent établis ; c'étoit nous convaincre par nos yeux du ſuccès, & en même-tems de la facilité & de l'utilité du projet.

Près de vingt ans s'écoulerent cependant ſans qu'on parut entrer dans les vues de M. le Maréchal, ſans qu'il ſemblât même qu'on y fit attention ; & lorſqu'en 1753 je commençai à planter des Mûriers, c'étoit la premiere plantation un peu conſidérable qui ſe faiſoit après celle ordonnée par ce Seigneur.

En l'année ſuivante 1754, je profitai de cette derniere pour nourrir des Vers à ſoie ; on juge bien que, lors de cet eſſai, je n'échappai pas aux épithetes dont un petit nombre de citoyens honore toujours ceux qui, s'écartant de la route ordinaire, veulent faire ce que ne faiſoient pas leurs peres. Les plus modérés d'entr'eux me répétoient, à-peu-près, ce que *Sully* diſoit à ſon maître. Une contrée eſt propre à une choſe, & l'autre à une autre ; la providence l'a ainſi réglé pour aſſocier les peuples par leurs beſoins. Le printems eſt trop tardif dans les Trois-Evêchés, & la température y eſt trop froide, tant pour les Mûriers que pour les Vers à ſoie. La culture des terres à bleds y eſt très-pénible, n'eſt-il pas à craindre que les gens de la campagne ne la quittent pour une autre infiniment moins laborieuſe ?

Je ne fus point arrêté par ces raiſons, j'avois quelques répliques à faire. Il eſt naturel, diſois-je, que les hommes de tous les états prennent leur part de l'agriculture : la partie la plus fatiguante doit reſter à l'homme robuſte ; la partie plus amuſante que laborieuſe, doit être le partage des premieres claſſes du peuple. En effet le citoyen élevé, continuois-je, ne refuſera pas de préſider à la plantation de l'arbre précieux qui nous donne la ſoie, au choix du terrein qui lui convient, à ſa culture, à ſa greffe : Les Dames ſe feront un amuſement de la nourriture des Vers à ſoie ; cette nourriture doit produire ce qui eſt plus particuliérement deſtiné à les orner ; auſſi l'auteur de la nature ſemble-t-il en avoir proportionné le travail à leur délicateſſe, leur vivacité & leur induſtrie. Loin donc qu'il ſoit à craindre que la culture de la ſoie dérobe des bras à l'agriculture, il eſt à eſpérer qu'elle lui en donnera de nouveaux, & même de ceux ſur leſquels elle n'avoit pas droit de compter.

Pour réponſe au froid de notre climat, je montrois les Vers que je nourriſſois & qui ſe portoient très-bien ; je montrois les arbres de la plantation faite de l'ordre de M. le Maréchal de Belle-Iſle ; ils étoient aſſez gros & bien venus malgré le vice que j'ai déjà fait remarquer dans le ſol qu'ils occupoient. Je n'avois pas, pour lors encore, les miens à montrer, ils étoient petits & plantés ſeulement de l'année précédente : huit à neuf ans après, la réponſe du coup d'œil ſur mes Mûriers, eut été plus frappante ; ils égaloient déjà cette ancienne plantation dont je viens de parler, & qui a été l'aliment de nos premiers Vers à ſoie.

Cette premiere nourriture fut faite, comme je l'ai dit, en 1754. Dans les années ſuivantes des citoyens diſtingués & animés du même zele pour le bien public, ſuivirent mon exemple.

Dans ces commencemens nous manquions de tour à dévider la ſoie des cocons ; pour parer à ce défaut, de deux tours, dont j'avois lû les deſcriptions, j'en compoſai & exécutai un qui a ſervi de modele à tous ceux qui ſe trouvent actuellement dans la province.

Ce n'étoit pas aſſez d'avoir de bons tours à tirer la ſoie, il falloit encore avoir des perſonnes qui ſuſſent la bien tirer. C'eſt ce dont nous avons manqué pendant quelque tems ; mais M. de Bernage, Intendant pour lors dans cette province, nous en a procuré. Ce Magiſtrat a établi en même-tems une pépiniere de Mûriers, dans laquelle on delivre gratuitement des arbres à qui veut en planter ; on conçoit, ſans que je le diſe, combien un pareil établiſſement a dû & doit procurer l'avancement de la culture de la ſoie.

On ſait que parmi les ſept à huit eſpéces de Mûriers blancs, il en eſt trois qui ſe diſtinguent par la grandeur de leurs feuilles, & qui par conſéquent fourniſſent, plus abondamment que les autres eſpéces, à la nourriture des Vers à ſoie : il me vint en idée, il y a neuf à dix ans, de chercher, par des essais, à connoître laquelle, de ces espéces à grandes feuilles, donneroit cette nourriture & meilleure & plus faine; bientôt ces essais, & la comparaison que je fis de la santé & de la vigueur des Vers nourris de feuilles d'une de ces espéces, avec l'état de ceux qui avoient été nourris de celles des autres espéces, me la montrerent; je résolus dès-lors de la multiplier par la greffe.

J'ignorois cependant le manuel de cette opération, j'y employai les meilleurs greffeurs de la province, mais presque aucune de leurs greffes n'ayant réussi, j'en recherchai la cause; je mis la main à l'œuvre; & moyennant quelques additions à la maniere ordinaire de greffer, je parvins à assurer le succés de la greffe de cet arbre : je détaillerai ma méthode par un Mémoire particulier qui sera joint à cet ouvrage.

Quelques tems après ces premiers essais, m'étant apperçu qu'une des grandes dépopulations des Vers, arrivoit dans le tems de leur jeunesse, & qu'elle étoit causée par le froid des matinées du mois de Mai dans notre province; j'imaginai le moyen de les en préserver & cela sans peine, sans soins & sans la moindre dépense. Ce moyen sera également décrit dans un Mémoire particulier.

Nous en étions-là il y a sept à huit ans, nos Mûriers se multiplioient, nous commencions à faire des récoltes de soie; mais nous ne trouvions pas, ainsi que je l'ai déjà dit, à la débiter en cocons, ou simplement tirée des cocons en écheveaux : nous nous déterminâmes à l'employer en

ouvrage

ouvrage de bonneterie. Il falloit pour cela qu'elle fût du moins moulinée en *trame* ; & comme ces premieres récoltes, déduction faite des frais, font ordinairement peu profitables, nous n'étions pas d'avis d'abandonner à d'autres le prix de la main-d'œuvre de cette préparation. Nous n'avions guere, à la vérité, d'idée des Moulins à foie, ainfi que je l'ai déjà avoué ; mais le Mémoire cité (*a*) de M. de Vaucanfon, quoique cet Académicien n'y décrive pas ceux qu'il a imaginés, m'en fournit quelques-unes. Et, ce qui n'eft pas le moins important, ce même Mémoire me fit connoître les défauts des anciens Moulins.

Aufli fuis-je parti delà, il y a fept à huit ans, pour compofer & exécuter le Moulin dont j'avois befoin pour travailler la foie en *trame* , & j'ai eu grande attention de l'exempter de ces défauts reprochés aux autres.

Quelques années après, par des additions & des changemens, je le rendis propre à l'organfinage de la foie ; & la confrontation des effais d'organfin que j'y fis, avec de l'organfin de Piémont, ne pût pas faire remarquer entr'eux de la différence.

Mais ce Moulin, comme je viens de le dire, n'y avoit pas originairement été deftiné : & l'on penfe bien qu'une machine faite pour produire un feul effet, & appropriée enfuite a en produire encore plufieurs autres, n'a pas communément le degré de perfection que pourroit avoir celle qui auroit été deftinée d'abord à avoir toutes ces

---

(*a*) En la note (*b*) au bas de la page premiere ci-deffus.

propriétés à la fois. M'étant donc propofé d'en compofer une de ce dernier genre, je l'exécutai dans les mois de Février & Mars de 1765, mais bien différemment de la premiere (*a*) de laquelle je ne parlerai plus, à moins que des événemens que je ne prévois pas, ne l'exigent : la derniere fera celle que je décrirai dans cet ouvrage.

Le fyftême de fa compofition & fon exécution font analogues aux circonftances où nous nous trouvons ; dans une province, comme la notre, où la culture de la foie commence, il eft bon de procurer aux nouveaux cultivateurs les moyens de faire le plus grand profit poffible de ces récoltes ; mais il feroit bien inconféquent de lui préfenter pour cela des machines dont le prix abforberoit vingt ou trente des récoltes qu'il efpéreroit faire. Quoi de plus propre à le décourager ? Mon objet à donc été tout autre, & pour compofer celle que je lui préfente aujourd'hui, je me fuis propofé 1°. de réduire à une feule les deux machines, de méchanifmes différens, dont on s'eft fervi jufqu'à préfent pour l'organfinage des foies. 2°. De faire enforte que cette machine unique fût cependant d'un prix beaucoup inférieur à celui de l'une des deux dont on s'eft fervi. 3°. De l'exempter des défauts reprochés à ces dérnieres. 4°. Enfin de lui procurer même fur elles quelques avantages.

Le feul énoncé de ce problême fait fentir que fa folution ne laiffoit pas d'avoir fes difficultés. Ceux qui connoif-

---

(*a*) Ce Moulin n'a rien de femblable au premier que l'arrangement & le mouvement des fufeaux ; encore y ont-ils quelque chofe de différent.

fent la matiere le fentiront d'autant plus, qu'ils n'ignorent pas qu'il entroit encore comme condition dans le problême, celle de rendre la machine propre à donner aux foies les quantités différentes de tord qui leur conviennent eu égard à leurs qualités, ou aux ufages auxquels on les deftine. Ils fentiront encore qu'en fuppofant que les deux apprêts de l'organfin duffent être différens, la deftination de la machine, à fervir feule à tous les deux, faifoit naître une autre condition; favoir, celle de mettre la machine en état de donner à la foie le tord qui lui convient dans chacun des apprêts; c'eft-à-dire, de donner, par exemple, à la foie du premier apprêt dix fois plus de tord qu'à celle du fecond, au cas que l'on penfât que ce premier apprêt dût être décuple du fecond.

Ces nouveaux embarras, nés de la queftion de favoir quelles quantités de tord convenoient aux foies eu égard à leurs qualités ou aux ufages auxquels on les deftinoit, nés de celle de favoir fi les apprêts devoient être égaux, ou fi l'un d'eux devoit être plus confidérable que l'autre; ces nouveaux embarras, dis-je, devenoient d'autant plus forts qu'il s'agiffoit de s'en tirer dans une province où la matiere étoient inconnue, & que s'il y avoit peu d'écrits fur les Moulins à foie, il y en avoit encore bien moins fur ces queftions (*a*). Le Lecteur jugera fi le moyen par lequel

---

(*a*) Je n'avois pas encore pù voir l'article *Soie* de l'Encyclopédie, où il eft enfeigné que le tord du premier apprêt doit être décuple de celui du fecond; cet article n'a été donné au Public qu'en Avril ou Mai 1766, & le Moulin dont il s'agit étoit conftruit & travailloit plus d'un an auparavant; d'ailleurs ce dernier fentiment me paroît être une erreur, & j'efpere le faire voir dans la fuite.

la machine eſt miſe en état de donner à la ſoie le tord auſſi fort & auſſi foible qu'on voudra, & de le varier à la volonté du moulinier, dans le clin-d'œil, & ſans déplacement ni remplacement de piéces, ſi ce moyen, dis-je, répond ſuffiſamment à la premiere queſtion (*a*).

Pour me décider ſur la ſeconde, j'ai pris le parti d'analyſer, en quelque ſorte, différens échantillons d'organſin de Piémont & de France qui m'avoient été envoyés, & de combiner les réſultats de ces analyſes avec les principes ſur cette matiere : c'eſt delà, mais principalement encore de ces mêmes principes, que j'ai fait dériver le ſyſtême & la compoſition du Moulin que d'habiles gens, comme je l'ai dit, m'ont engagé d'offrir au Public.

Cet ouvrage ſera diviſé en trois parties ; dans la premiere je traiterai du moulinage & des apprêts de la ſoie. J'y dirai ce que c'eſt que la mouliner, quelles ſont ſes différentes dénominations relativement à ſes différens moulinages, & ce en quoi différent *mouliner* & *filer*. Je donnerai enſuite une idée de la méthode d'organſiner, & des machines qui y ont ſervi juſqu'à préſent. Delà je paſſerai à l'examen de la cauſe & du vrai but du moulinage ; je prendrai la liberté de contredire le ſentiment commun ſur cet objet, & celui en particulier d'un Auteur dont l'ouvrage vient de paroître, je hazarderai de mettre le mien à la place ; &, des raiſons ſur leſquelles je tacherai de l'appuyer, je déduirai ce à quoi il me ſemble que le tord de la ſoie doit être commu-

---

(*a*) Voyez la page 60 ci-après.

nément réduit. Je joindrai à cela les raiſons qui me font penſer que les deux apprêts de l'organſin doivent être égaux.

De cette diſcuſſion importante je paſſerai à la ſeconde partie, qui ſera la deſcription de mon Moulin & de toutes les piéces qui le compoſent. Je reviendrai enſuite ſur mes pas, & à une partie que j'aurai laiſſée à l'écart pour ménager l'attention ; ſavoir, au méchaniſme du Moulin & au ſyſtême de ſa compoſition. Je ferai obſerver qu'on peut déduire delà une méthode générale pour compoſer un Moulin de l'eſpéce de celui-ci, & de quelque volume qu'on voudra ; j'en renverrai cependant l'application à la troiſiéme partie, & je paſſerai aux différens uſages de ce même Moulin. Comme ces uſages doivent être entendus par ceux qui le ſoigneront, c'eſt-à-dire, par gens qui n'ont point de teinture de méchanique, je tacherai de mettre à leur portée ce que j'en dirai.

De ces uſages je déduirai la réſolution de la premiere partie de mon problême, puiſque j'aurai fait voir que ce Moulin peut ſervir ſeul à toutes les opérations du tord de la ſoie. Je paſſerai ſucceſſivement aux autres parties du même problême, & à faire voir que cette machine eſt moins diſpendieuſe qu'une des deux dont on s'eſt ſervi juſqu'à préſent ; qu'elle eſt exempte des défauts qu'on leur reproche, & qu'elle a même ſur elles quelques avantages (*a*).

(*a*) Je n'entends, au reſte, parler en aucune ſorte des Moulins de M. de *Vaucanſon*, ni leur comparer le mien, ſoit ici ſoit ailleurs ; j'aurois d'autant plus de tort qu'aſſurément je ne les connois pas, & que d'ailleurs il ne me fait aucune peine de répéter que je ſuis redevable, au Mémoire de cet illuſtre Méchanicien, de mes premieres idées ſur les Moulins à ſoie, auſſi bien que de la connoiſſance des défauts de ceux antérieurs aux ſiens. Voyez la page ix ci-deſſus.

La troifiéme partie fera, comme je l'ai dit , une application de ma methode de compofition de Moulins à foie, à l'exécution d'un Moulin d'une grandeur moyenne & tel que pourroit être chacun de ceux qui , pour compofer un grand moulinage , feroient mis en mouvement par une feule & même puiffance motrice.

Cette derniere partie fera extrêmement détaillée ; chaque pratique y fera fubordonnée à fa théorie. J'ai eu en vue, en entrant dans ces détails , de mettre en état , par la fimple lecture de cet ouvrage , celui même qui n'aura jamais vu de Moulins à foie, d'en faire exécuter de l'efpéce de celui-ci. La théorie y eft jointe à la pratique , parce qu'elle affure cette derniere , & que je fais par moi-même qu'un ouvrage didactique n'eft pas ordinairement celui où la briéveté plaît.

La machine que je décrirai dans la feconde partie n'eft pas fimplement modèle d'une plus grande ; elle eft d'ufage, puifqu'enfin il s'y forme vingt-quatre écheveaux à la fois. Elle eft peut-être la feule qui ait exifté en ce genre fous un fi petit volume : en effet ce Moulin n'a pas plus de trois pieds & demi de longueur, il en a deux dans fa plus grande largeur , & deux & demi environ de hauteur. Une table fuffit donc à fon emplacement , & il fera moins un embarras dans une chambre, qu'un ornement ; ainfi rien n'empêcheroit que, dans un endroit où il n'y auroit pas encore lieu à l'établiffement d'un grand moulinage, une mere de famille qui feroit récolte de neuf à dix livres de foie par an, & qui ne voudroit pas faire la dépenfe ni avoir l'embarras d'un grand Moulin, fit exécuter celui-ci : elle s'en ferviroit pour mouliner fa foie en trame, en foie ovalée, ou en organfin à employer en ouvrage de bonneterie, rubannerie, &c. pendant que, travaillant à autre chofe, elle auroit l'œil fur le Moulin, elle n'auroit pas à craindre que l'enfant, qu'elle employeroit à le mouvoir, fe fatiguât; il faut à peine, pour le mettre en mouvement, trois livres de force appliquée à la manivelle, laquelle n'a cependant que fix pouces de rayon.

On pourroit probablement remplacer cet enfant par une roue mife en mouvement par la fumée d'une cheminée de cuifine (*a*), par une roue dans laquelle marcheroit un petit chien, par une petite roue à aubes que feroit tourner la fontaine d'une maifon de campagne, &c. Le mouvement de la roue fe communiqueroit au Moulin, d'auffi près ou d'auffi loin qu'on voudroit, par des poulies & une petite corde fans-fin (*b*). Je n'entrerai pas dans un plus grand détail là-deffus parce que je ne l'ai pas éprouvé, mais j'ai peine à croire qu'il y auroit de la difficulté de mettre à profit du moins quelqu'un de ces moyens.

Malgré ce que je viens de dire en faveur de ce petit Moulin, j'avouerai que je ne l'ai exécuté de la forte, qu'à caufe que je n'ai pas cru devoir faire la dépenfe de l'exécuter en grand, du moins avant d'être bien affuré de fon

---

(*a*) Voyez le Spectacle de la Nature, Tom. VI. pag. 328.

(*b*) Voyez la page 68 ci-après & la note qui eft au bas.

fuccès en petit (*a*). Il eft bien à préfumer, je l'avouerai encore, que ceux à qui ce fyftême de Moulin ne déplaira pas, donneront la préférence à celui de la troifiéme partie: il ne fe fait fur ce petit Moulin que *vingt-quatre écheveaux à la fois*; fur l'autre il s'en fera *cent cinquante-deux*, & il n'aura cependant pas plus de fix pieds & demi dans fa plus grande largeur.

Ils s'y détermineront d'autant plus volontiers, 1°. que s'il eft bien exécuté, & fi l'on a eu foin de diminuer les frottemens autant qu'il aura été poffible, il s'en faudra bien que toute la force moyenne du *vireur* (*b*) foit employée à le mouvoir. 2°. Qu'avant que dans une province, ou l'on aura commencé la culture de la foie, il y ait lieu à l'établiffement de ce qu'on appelle *grand moulinage*, la dépenfe en fera faite; car d'un côté ce grand moulinage pourra être compofé de plufieurs Moulins pareils à celui dont il s'agit en cette troifiéme partie, & ils pourront très-aifément être raffemblés fous une feule puiffance motrice;

(*a*) Tous ceux qui connoîtront les Moulins à foie, & qui feront attention au fyftême de celui-ci fur-tout, penferont infailliblement que réuffiffant en petit, comme il fait en effet, il doit à plus forte raifon réuffir en grand. Il n'arrive pas toujours, à la vérité, dans les machines, dont l'objet eft de multiplier la force motrice, que celles qui réuffiffent en petit, réuffiffent en grand; mais cela ne manque pas d'arriver dans celles qui, comme les Moulins à foie, ont pour principal objet la régularité des mouvemens contemporains de certaines piéces. C'eft ainfi que, toutes chofes égales d'ailleurs, une groffe montre fera plus réguliere, & plus aifée à conftruire qu'une petite; & qu'elle confervera auffi plus long-tems que cette derniere, la régularité de fon mouvement.

(*b*) *Vireur* eft l'homme appliqué à la manivelle d'un Tour ou d'un Moulin à foie. La force moyenne d'un homme appliqué à une manivelle eft de vingt-cinq livres, lorfqu'il s'agit avec une vîteffe de mille toifes par heure.

trice ; & d'un autre côté ces Moulins se feront construits insensiblement, & à mesure du besoin que les progrès de la culture en auront montré ; ainsi, lors de l'etablissement de ce grand moulinage, aucune des dépenses, faites précédemment & dès les commencemens de la culture, ne se trouvera inutile.

Ces avantages, de l'exécution de ce dernier Moulin sur celle du petit, feront peut-être penser qu'il eut été mieux de donner les plans & profils de celui de la troisiéme partie, que de donner, comme j'ai fait, ceux du petit ; puisque celui qui eut voulu en venir à l'exécution, n'eut eu qu'à prendre au compas toutes les mesures sur les planches.

Mais si l'on veut bien faire attention aux erreurs & aux incertitudes embarrassantes qui se rencontrent toujours à ces mesures prises au compas sur des planches ou estampes, aux évaluations auxquelles cette méthode astreint, & qui sont génantes pour bien des personnes, j'espere qu'on me saura quelque gré de m'être écarté de la méthode ordinaire, & de m'être donné la peine, pour en éviter aux autres, d'entrer dans les plus petits détails.

En effet les figures & les planches du petit Moulin serviront non-seulement à ceux qui voudront l'exécuter en petit & comme il est ; mais elles serviront encore à ceux qui donneront la préférence au plus grand : ils y verront, d'un coup-d'œil, les formes, les emplacemens & les positions des piéces qui doivent le composer ; & à l'égard des dimensions, soit de la charpente soit des piéces qu'elle

doit recevoir, ils les trouveront dans cette troifiéme partie beaucoup plus fûrement qu'ils n'auroient pu faire au
compas ; de forte que, pour l'exécuter, on n'aura qu'à regarder & lire, fans même fe donner la peine de calculer
ou de deffiner.

Sur le ftyle j'avouerai que j'ai plus befoin d'indulgence
qu'un autre, mais oferai-je dire que je crois en mériter plus
qu'un autre auffi ? J'ai recherché, j'ai imaginé, j'ai travaillé, j'ai dépenfé ; je n'ai pas eu la prudence ordinaire
de faire mes arrangemens avant de faire part au Public,
& à mes frais encore, du fruit de mon travail & de mes
dépenfes.

J'ai taché d'expliquer tout, & de me rendre intelligi-
ble ; fi cependant il arrivoit qu'on fut embarraffé fur quelques parties, je me ferai toujours un vrai plaifir (fous la
condition accoutumée de l'affranchiffement des ports de
lettres) de répondre aux perfonnes qui voudront bien me
faire l'honneur de me confulter.

Je comprendrai dans ce volume cinq de mes autres
petits ouvrages, relatifs à la foie ou à fa culture.

TABLE

DES CHAPITRES, ARTICLES, &c.

DISCOURS PRÉLIMINAIRE, ... Page j.

PREMIERE PARTIE.

Du Moulinage & des apprêts de la Soie.

CHAP. I. Ce que c'est que mouliner, organsiner, & idée
des machines qui y ont servi jusqu'à présent, ...   *Pag.* 1.

ART. I. *Les différentes dénominations de la soie en consé-*
quence de ces différens moulinages, ... *ibid.*

ART. II. *Pourquoi les apprêts se donnent l'un à contre-sens*
de l'autre, ... 3.

ART. III. *Différence entre filer & mouliner,* . . . . . *ibid.*

ART: IV. *Idée de la méthode suivie jusqu'à présent pour*
organsiner les soies, & des machines qui y ont servi, . 5.

CHAP. II. Dissertation sur la cause ou le but du moulinage
de la soie, sur les quantités de tord à donner aux soies
dans leurs apprêts, & sur les sentimens d'un Auteur à cet
égard, ... 9.

ART. I. *Le tord ne fortifie pas la soie,* . . . . *ibid.*

ART. II. *Dissertation sur les régles données par l'Auteur*
du Mémoire fourni aux Éditeurs de l'Encyclopédie pour,
le mot Soie, *l'article de son moulinage,* . . . . . . 12.

ART. III. *Le moulinage eſt néceſſaire à la ſoie deſtinée à*   *Pag.*
étre décreuſée, ... 19.

ART. IV. *Quelle paroît étre la quantité de tord propre à*
remédier aux effets du décreuſement, ... 22.

ART. V. *Le tord du premier apprêt doit être égal à celui du*
ſecond, ... 23.

SECONDE PARTIE.

Deſcription de la machine, de ſes uſages, &c.

CHAP. I. Deſcription du Moulin, développement de ſon   *Pag.*
ſyſtême, ... 29.

ART. I. *Deſcription du bas du Moulin & des piéces qui le*
compoſent, ... 30.

ART. II. *Deſcription du haut du Moulin,* . . . . . . 34.

ART. III. *Deſcription du* Va-&-vient, ... 41.

ART. IV. *Du* Compte-tours, ... 43.

ART. V. *Développement du ſyſtéme du Moulin,* . . . 45.

CHAP. II. Uſages du Moulin, ... 50.

ART. I. *Maniere de s'en ſervir pour donner le premier ap-*
prêt à la ſoie deſtinée à être organſinée, : . . . . . . ibid.

ART. II. *Préparer la ſoie qui a reçu le premier apprêt, à*
recevoir le ſecond, ... 51.

ART. III. *Donner le ſecond apprêt,* . . . . ibid.

ART. IV *Mouliner du poil de ſoie, faire de la trame, de la*
ſoie ovalée, &c. . . . . 52.

CHAP. III. La réfolution du problême qu'on s'étoit propofé *Pag.*
fe déduit du fyftême de la compofition & conftruction
du Moulin, ... 53.

ART. I. *Ce Moulin peut fervir feul à organfiner,* . . . ibid.

ART. II. *La machine eft moins difpendieufe que l'une des
deux dont on s'eft fervi,* . . . . 54.

ART. III. *Le Moulin eft exempt des défauts reprochés aux
anciens,* . . . . 57.

ART. IV. *Quelques avantages de ce Moulin fur les anciens,* 59.

ART. V. *Réponfe à une objection faite fur la forme quarrée
des guindres,* . . . . 61.

TROISIÉME PARTIE.

Exécution détaillée & raifonnée du Moulin en grand.

CHAP. I. Syftême de grandeur du Moulin, calcul des *Pag.*
diametres des poulies qui lui conviennent, maniere de
conftruire ces poulies enforte qu'avec les cordes qui doivent les mener, elles n'aient que les diametres qu'elles
doivent avoir, ... 67.

INTRODUCTION, ... ibid.

ART. I. *Syftême de grandeur du Moulin,* . . . . . . 69.

ART. II. *Détermination par le calcul des diametres des poulies qui conviennent à ce Moulin,* . . . . 70.

ART. III. *Détermination par le calcul des diametres des poulies propres à varier le tord de la foie,* . . . . . . 74.

Premiere observation sur les Tables des tords & des diametres *Pag.*
  des poulies, ... 77.

Seconde observation sur les mêmes Tables, ... 78.

ART. IV. *Construction des poulies telles qu'avec les cordes qui doivent les mener, elles soient des diametres qu'elles doivent avoir,* . . . . 79.

CHAP. II. De la charpente du Moulin à deux vargues, . 83.

ART. I. *Montans, longueur, largeur & hauteur du Moulin,* ibid.

ART. II. *Étages & charpente des cages des fuseaux & des guindres,* . . . . 84.

§ I.er *Hauteur des étages entre les quatre premiers montans,* . ibid.

§ 2. *Arrangement des traverses dans chaque étage,* . . . 85.

§ 3. *Cages des fuseaux,* . . . . 87.

§ 4. *Cages des guindres,* . . . . 88.

ART. III. *Charpente du rouage,* . . . . , . . 90.

§ I.er *Hauteur des quatre étages de traverses,* . . . . . ibid.

§ 2. *Arrangement d'autres traverses sur celles-ci dans chaque étage,* . . . . : : . . . ibid.

CHAP. III. Des piéces auxquelles la charpente est destinée, 93.

ART. I. *Des arbres, roues & poulies du Moulin,* . . . ibid.

§ I.er *Du rouet de la manivelle & de sa lanterne,* . . . ibid.

§ 2. *Du grand arbre ou de la tige du Moulin, & des piéces qui doivent y être enarbrées,* . . . . 100.

Remarque sur cet arbre pour l'organsinage, ... - 103.

§ 3. *Du second arbre vertical & des piéces qu'il doit porter,* 104.

§. 4. *Des quatre arbres horizontaux & des piéces qu'ils doivent porter,* . . . . 106.

§ 5. *Emplacemens des contre-poids des cordes des fu-* Pag.
seaux, ... 108.

ART. II. *Des fuseaux, des bobines & couronnelles,* . . . 109.

ART. III. *Des guindres,* . . . . 110.

§ 1.er *Construction du métier à dévider ou doubler la soie pour*
la préparer au second apprêt, ... 113.

ART. IV. *Construction du Va-&-vient,* . . . . 114.

§ 1.er *Cylindre du Va-&-vient & ses dimensions,* . . . . ibid.

§ 2. *Rapport des diametres des deux poulies du* Va-&-vient, 115.

§ 3. *Position du cylindre, son élévation, & celle des tringles*
des guides, ... 116.

§ 4. *Quelle doit être la hauteur ou longueur du demi-pas de*
vis double à tracer sur le cylindre, pour que le Va-&-
vient fasse un écheveau d'une largeur donnée, . . . 117.

. . . . *Le pourtour du guindre est la largeur de l'écheveau*
qui s'y forme, comme ce même pourtour plus la distance
des boucles des guides à la lame du guindre la plus proche
de ces mêmes boucles est à la hauteur ou longueur de-
mandée du demi-pas de vis, ... ibid.

Préparation à la démonstration de cette analogie, ... 119.

DÉMONSTRATION, ... 121.

§ 5. *Tracer le demi-pas de vis sur le cylindre,* . . . . 124.

§ 6. *Construction des tringles des guides,* . . . . . . 126.

ART. V. *Du* Compte-tours, ... 129.

Observation sur les qualités du bois à employer à la construction du Moulin, ... 131.

Seconde observation, ... 132.

MÉMOIRE fur l'utilité de la greffe du Mûrier, & fur les Pag.
moyens d'affurer le fuccès de celle de cet arbre en écuffon, 133.

*EXPÉRIENCE fur le bain de la graine de Vers à foie
dans le vin,* . . . . 149.

*AUTRE EXPÉRIENCE fur la graine de Vers à foie dans
la vue de découvrir fi elle peut, fans altération & fans
perdre la faculté d'éclorre, éprouver des froids très-vifs,* 154.

*MOYEN de préferver les jeunes Vers à foie du froid des
nuits & des matinées du mois de Mai dans les Trois-
Évéchés,* . . . . 159.

MÉMOIRE fur la Conferva, *eft-elle une matiere foyeufe
propre à la Filature, &c?* . . . . 165.

FIN DE LA TABLE.

ESSAI

ESSAI
SUR LES MOULINS A SOIE.

PREMIERE PARTIE.
DU MOULINAGE ET DES APPRÊTS DE LA SOIE.

CHAPITRE PREMIER.
Ce que c'est que mouliner, organsiner, & idée des Machines qui y ont servi jusqu'à présent.

ARTICLE PREMIER.
Les différentes dénominations de la Soie en conséquence de ses différens moulinages.

OUR mouliner la soie, on porte les bobines qui en sont chargées sur un moulin, dont l'effet est de la tordre en hélice, à-peu-près comme l'on tord les chanvres & lins.

On ne mouline que les soies *gréses*, c'est-à-dire, celles qui ont encore cette gomme aurore qui leur reste après qu'elles ont été tirées des cocons en écheveaux, qui les roidit, & qui par-là facilite

I.ʳᵉ Part.   A merveilleusement toutes les opérations des dévidages & moulinages; ce n'est qu'après qu'elles ont été moulinées qu'on la leur ôte, en la faisant cuire dans de l'eau de savon. Cette opération se nomme *décreusement*; & les soies qui l'ont soufferte, sont appellées *soies décreusées*. Cette gomme, qui étoit si utile au moulinage, empêcheroit la soie de recevoir la teinture.

Celle qui n'a pas passé au moulin est appellée *soie plate*; celle qui y a passé est de trois sortes, *le poil, la trame* & *l'organsin*.

Le poil est de la soie à un seul brin, qui a reçu au moulin un tord foible pour le mettre en état de servir aux ouvrages de bonneterie, auxquels seuls il est permis de l'employer. La trame est formée de deux ou trois fils de soie, que l'on réunit, & que l'on tord ensemble pour n'en former qu'un.

L'organsin ou la chaîne (car la chaîne des étoffes de soie est toujours de l'organsin) est composé de deux, trois, quelquefois quatre brins de soie. Chacun de ces brins est tordu d'abord séparément & d'un côté ; & ce tord particulier qu'on leur donne, se nomme le *premier apprêt* (*a*). On réunit ensuite deux, trois ou quatre de ces fils qui ont reçu le premier apprêt, on les retord ensemble ; mais à contre-sens du premier tord qu'ils ont reçu chacun séparément : ce second tord est ce qui se nomme le *second apprêt*. La soie qui a passé par ces deux opérations, qui a reçu ces deux apprêts, est organsinée.

On dit que l'organsin est à deux, trois ou quatre bouts, selon qu'il est composé de deux, trois ou quatre brins de soie qui ont reçu chacun le premier apprêt.

(*a*) C'est la différence du tord qui fait celle de la soie nommée *poil*, d'avec celle qui a reçu le premier apprêt; la derniere a reçu un tord plus fort que la premiere.

ARTICLE II.

Pourquoi les apprêts se donnent l'un à contre-sens de l'autre.

QUELQUES personnes auront peine à concevoir que le second tord donné à l'organsin à contre-sens du premier, ne détruise pas ce premier ; mais pour peu qu'on y fasse attention on concevra qu'il doit arriver précisément le contraire.

En effet un fil à un seul brin tordu d'un côté tend à se détordre, & à tourner du côté contraire au tord qu'il a reçu. Si l'on réunit deux brins tordus d'abord séparément & d'un même côté, & qu'on les retorde ensemble encore du même côté ; ils tendront à tourner ensemble & l'un sur l'autre, du côté contraire au tord qu'ils viennent de recevoir ; ce côté sera le même que celui vers lequel le premier tord les faisoit déjà tendre à tourner ; ensorte que ce second ressort s'unissant au premier (puisqu'il se dirige du même côté) le fil total en aura d'autant plus de force pour se remettre en son premier état.

Au contraire si les brins qui composent un fil ont été tordus d'abord séparément & d'un côte, & qu'ensuite on les retorde ensemble de l'autre côté, les deux efforts pour se remettre au premier état seront alors opposés, ils seront dans une espéce d'équilibre : il faut donc pour établir cet équilibre & pour qu'il se maintienne, que les brins qui composent un fil, & qui ont été d'abord tordus séparément d'un côté, soient ensuite retors ensemble de l'autre côté.

ARTICLE III.

Différence entre filer & mouliner.

J'AI dit qu'on tordoit la soie par le moulinage à peu-près comme on tord les chanvres & lins en les filant ; il y a cependant une grande différence entre *filer* & *mouliner*. On tord le chanvre &

autre filaffe , pour de plufieurs brins courts & foibles , former un fil long & de réfiftance, en les réuniffant & les ferrant les uns contre les autres par le tortillement. A cette premiere efpéce de tord (c'eft-à-dire au filage) indépendamment de la machine, les doigts d'une perfonne font néceffaires.

Il en faut une ce femble pour chaque fil à former ; & les rouets à deux mains qu'on a imaginés , ne paroiffent pas avoir été ou devoir être long-tems en grande confidération.

En effet une perfonne ne peut gueres former qu'un fil à la fois, fi l'on veut qu'elle puiffe nettoyer fa filaffe, fi l'on veut qu'elle puiffe empêcher que les extrémités du fil formé, en *grippant* de la nouvelle filaffe n'en tirent trop, ou trop peu pour former un fil égal & uni.

La foie, indépendamment de tous fes grands avantages fur les autres matieres de nos étoffes, a le mérite particulier d'être filée par l'infecte même qui la produit. La coque du ver à foie eft compofée d'un feul fil très-long, enforte que cette coque eft un vrai peloton de fil, qui, quelque fin qu'il foit, eft capable de réfiftance, puifqu'il foutient fans fe caffer un poids de deux gros & demi.

Pour en former un qui ait plus de force, & qui foit après cela encore très-fin, il fuffit donc d'unir & de dévider à la fois plufieurs de ces coques ou pelotons de fil formé ; c'eft ce qui fe fait, comme on le fait, au tirage de la foie des cocons ; & l'on remarque que cette opération n'eft pas un filage , mais uniquement un dévidage; c'eft ce qui eft caufe qu'elle fe fait avec une vîteffe extrême. La gomme de la foie qui eft en fufion pour lors , réunit les fils particuliers & les colle les uns aux autres, enforte que cette gomme une fois deffechée, ils ne fe fépareront plus; ils formeront un feul fil ou un feul brin (a) du moins tant que cette gomme y reftera.

_____

(a) J'ai déjà appellé *brin de foie* un fil compofé de plufieurs autres ; je continuerai à le faire.

Ce fil de foie formé par l'infecte même, bien plus proprement & plus uniment que la main la plus adroite, dirigée par l'induftrie, ne pourroit jamais faire, donne un grand avantage pour fon travail. Il ne s'agira plus pour la tordre d'occuper une perfonne à chaque brin. La mécanique fournira des machines propres à tordre plufieurs milliers, fi l'on veut, de brins à la fois ; elle fournira ce qu'on nomme *Moulins à foie*. Si ces moulins font plus parfaits, ils donneront un tord égal, foit à chacun des brins de foie dans toute fa longueur, foit à tous ceux qui fe travailleront fur la même machine ; perfection que n'a jamais eu, & n'aura probablement pas de fitôt, le rouet à filer le chanvre & lin. On pourra encore donner à la foie le tord que l'on voudra, celui qui conviendra à fa fineffe, à fa groffeur, aux ufages auxquels elle fera deftinée. Les moyens de parvenir à tout ceci feront d'autant plus fimples, plus fûrs, plus faciles à mettre en ufage, que le fyftême de la machine fera lui-même plus fimple, mieux raifonné, mieux exécuté.

ARTICLE IV.

Idée de la méthode fuivie jufqu'à préfent pour organfiner les Soies & des Machines qui y ont fervi.

ON pourra prendre dans le Mémoire de M. de Vaucanfon, parmi ceux de l'Académie des Sciences, volume de l'année 1751, une idée des opérations de l'organfinage ; & en même tems des machines qu'on y a employées jufqu'à préfent. J'en rapporterai quelque chofe en faveur de ceux qui n'auroient pas la commodité d'y recourir.

La premiere opération pour organfiner, eft de porter les bobines chargées de fil à un feul brin, fur le moulin de premier apprêt. » Tout le monde connoît (dit M. de Vaucanfon) ces moulins faits » en forme de cage ronde, dont le diametre ordinaire eft de vingt » à vingt quatre pieds, fur une hauteur de dix, quinze & quelque-

» fois de trente pieds. Cette cage eſt compoſée de pluſieurs mon-
» tans droits, & de pluſieurs traverſes ceintrées. C'eſt ſur ces tra-
» verſes, qui forment la circonférence du moulin, que ſont placés
» les fuſeaux perpendiculairement, *& à ſix pouces les uns des autres.*
» Ces fuſeaux ne ſont autre choſe que des tiges de fer d'un pied de
» hauteur, ſur cinq à ſix lignes d'épaiſſeur dans leur partie inférieure
» qui eſt ronde, & qu'on nomme *le ventre des fuſeaux.* La partie
» ſupérieure forme un quarré ſur lequel on place la bobine.

J'ajouterai ici à ce que vient de dire M. de Vaucanſon, que la
partie extrême & ſupérieure du fuſeau eſt ronde, pour recevoir par-
deſſus la bobine ce qu'on nomme *la couronnelle.* C'eſt une demi-
ſphere de bois peſant, percée d'un trou rond qui lui donne la liberté
de tourner ſur le fuſeau, comme ſur ſon axe ; à la différence de la
bobine qui étant percée quarrément & portée ſur la partie quarrée
du fuſeau, peut tourner avec lui, mais ne peut tourner ſur lui. A
cette demi-ſphere eſt fixée une branche de fil de fer recourbée haut
& bas, dont les extrémités ſont tournées en ſpirales, & forment des
boucles par leſquelles on fait paſſer le fil de ſoie de la bobine, avant
de le conduire ſur la partie qui doit le recevoir. Ces boucles donnent
à la ſoie la facilité de ſe développer de deſſus la bobine portée par
le fuſeau, & lui évitent tout frottement nuiſible : la figure 6 ci-après
eſt une de ces couronnelles. Revenons à M. de Vaucanſon.

» Cette tige garnie de ſa bobine, eſt ſimplement appellée *fuſeau....*
» Au centre du moulin eſt un gros arbre mobile ſur ſon pivot d'en
» bas, & retenu verticalement par ſon tourillon d'en haut : on nomme
» cet arbre *la tige du moulin.*

» A la hauteur de chaque rangée de fuſeaux, cette groſſe tige
» porte ſix rayons ſoutenus dans une ſituation horizontale, c'eſt-à-dire,
» perpendiculaire à la tige. L'extrémité de chaque rayon porte une

» portion de cercle , à-peu-près de la même courbure que celle des
» traverſes ceintrées de la cage. Ces portions de cercle ſont attachées
» daus leur milieu ſur le bout du rayon, par une cheville qui leur
» permet un petit jeu horizontal ; elles ſont appellées par les ouvriers
» ſtraffins.

» Aux extrémités de chaque ſtraffin , eſt appliquée ſur le bord
» extérieur une bande de cuir ; à l'autre extrémité , eſt une corde
» tirée par un petit poids qui fait appuyer la bande de cuir ſur le
» ventre des fuſeaux , avec une force proportionnée à la peſanteur
» de ce poids.

» Quand on fait tourner la tige du moulin , tous les rayons tour-
» nent auſſi , & par conſéquent les ſtraffins, dont les côtés garnis de
» cuir appuient & gliſſent par intervalle ſur le ventre des fuſeaux,
» & les font tourner, comme on feroit tourner un toton ſur ſon pivot
» qu'on agiteroit de tems en tems avec la main.

» Les bobines qui ſont au deſſus ſur les baguettes, reçoivent leur
» mouvement par des rouages correſpondans avec la tige du moulin.
» On attache chaque fil de ſoie provenant des fuſeaux, ſur la bobine
» qui lui répond ; cette bobine, en tournant, tire à elle le fil de ſoie
» du fuſeau, & ce fil de ſoie, en montant ſur la bobine, ſe tord ſur
» lui-même autant de fois que le fuſeau fait de révolutions. » Paſſons
au moulin du ſecond apprêt.

» Lorſque la ſoie a reçu le premier apprêt, lorſqu'elle a été tordue
» à un bout, on réunit pluſieurs de ces bouts, & on les dévide à la
» main ſur de nouvelles bobines, qui ſont enſuite portées ſur un autre
» moulin, pour tordre chaque fil double ou triple à contre-ſens du
» premier apprêt, & le faire monter en écheveaux ſur un guindre:
» ce ſont ces moulins qu'on nomme de ſecond apprêt. Ils ſont ordi-
» nairement conſtruits comme ceux du premier apprêt, avec cette

» différence qu'on les fait communément mouvoir avec une *courroie*
» *fans fin* qui embraffe tous les fufeaux.......

    » La foie au lieu de monter de deffus les fufeaux fur les bobines,
» comme dans le moulin de premier apprêt, monte ici fur des
» guindres : ces guindres font des efpéces de chevalets ou dévidoires,
» compofés de quatre lames de bois de trois pieds environ de lon-
» gueur, attachés vers leurs extrémités fur deux croifillons, montés
» fur un même arbre. Le pourtour de ces chevalets ou guindres a
» environ vingt-fix pouces.

    » Chaque fil qui fe trouve double ou triple dans ce moulin, eft
» conduit fur ces guindres par une petite boucle de fer immua-
» ble , & s'y dévide en écheveau.   Quand l'ouvrier juge que
» l'écheveau eft affez gros, il en fait *la capieure*, c'eft-à-dire, qu'il
» caffe le fil montant, pour le lier autour de l'écheveau ; il fait
» enfuite gliffer cet écheveau de côté, pour donner place à un autre
» qui ne peut fe former que vis-à-vis la petite boucle de fer, &c…

    M. de Vaucanfon démontre & fait toucher au doigt les défauts
multipliés de cette conftruction des moulins de premier & fecond
apprêt : défauts qui les rendent incapables de donner à la foie cette
uniformité de tord, feule propre à lui faire recevoir le même luftre,
la même élafticité, & à rendre les étoffes unies auffi belles & auffi
bonnes qu'elles pourroient être.

    Cette idée générale des moulins à foie fervira à l'intelligence de
ce qui va fuivre.

CHAPITRE

CHAPITRE II.

*Differtation fur la caufe ou le but du moulinage de la Soie,
fur les quantités de tord à donner aux Soies dans leurs
apprêts, & fur les fentimens d'un Auteur à cet égard.*

ARTICLE PREMIER.

Le Tord ne fortifie pas la Soie.

J'AI fait voir précédemment que la foie ne fe tordoit pas pour en
former un fil; j'ai dit que ce fil étoit formé par le ver à foie,
& que pour en former un plus fort il fuffifoit d'en réunir autant
qu'on voudroit, pour les dévider enfemble. Ce que j'ai dit là, fera
demander, fans doute, de quelle utilité eft donc fon moulinage, &
pourquoi l'on fe donne la peine de donner un double tord ou deux
apprêts à la foie, pour en faire ce qu'on nomme de l'*organfin?*

Jufqu'à préfent il paroît que l'on n'a donné d'autre réponfe, que
celle qui fe trouve répétée dans le mémoire fourni aux Editeurs de
l'Encyclopédie pour le mot *foie*, article de fon moulinage; favoir:
» que l'organfin a befoin d'une force *extraordinaire* pour qu'il puiffe
» réfifter à l'extenfion & aux fatigues du travail de l'étoffe, dont
» il compofe la chaîne ou toile, dans laquelle la trame eft paffée.

Mais cette réponfe eft une erreur dont il faut revenir: le tord ne
fortifie pàs la foie, il s'en faut bien; il fait l'effet contraire. On le
concevra aifément par la feule réflexion que le tord feul, & fans
autre force quelle qu'elle foit, appliquée à un fil, eft capable de le
rompre; car il s'enfuit que fi les premiers tours du fil en hélice, ne
font pas capables de le rompre, ils le préparent du moins à cette

rupture, & que plus les tours ſe multipliront , plus les ſils particuliers, qui le compoſent, ſe diſtendront, ſe déchireront ; plus enfin
il approchera de la rupture totale.

Sans m'étendre davantage ſur une matiere ſur laquelle les Mut-
chenbroek, les Pontis, les Réaumur , les Duhamel ont levé toutes
difficultés ; je me contenterai d'obſerver à l'auteur du mémoire cité,
que le brin de ſoie préparé à recevoir le premier apprêt ou qui le
reçoit, n'eſt pas ſimple ; qu'il eſt compoſé de cinq, huit, dix ou
douze fils particuliers de cocons ; que les fils élémentaires de ce brin
ſont véritablement les torons d'une corde extrêmement fine, & qu'il
eſt démontré, ſoit par l'expérience, ſoit par la théorie, que ces
torons ou fils élémentaires perdent, par le tortillement des uns ſur
les autres, une partie de leur force particuliere : enſorte que la force
du fil total ſera moindre, que la ſomme des forces que chacun des
fils avoit avant le tortillement. Il eſt démontré en même tems que
plus ce tortillement ſera fort, plus ces forces particulieres des fils
diminueront. La démonſtration de toutes ces vérités étant étrangere
à mon ouvrage , j'inviterai l'auteur à conſulter les mémoires de M. de
Réaumur parmi ceux de l'Académie des Sciences ; ſavoir, celui de 1710
ſur la ſoie des araignées , & celui de 1711 contenant ſes expériences
ſur ce dont il s'agit ici préciſément. Je l'inviterai encore à voir dans
l'Encyclopédie même l'article *corderie ,* donné au public long-tems
auparavant celui *ſoie ;* il y trouvera les belles démonſtrations de
M. Duhamel. Il eſt probable qu'il en ſera ſatisfait ; qu'il reviendra
de ſon erreur, & qu'il aura quelques regrets de n'avoir pas vu ces
ouvrages, avant de fournir ſon mémoire, très-inſtructif d'ailleurs.

Il faut donc avoir maintenant pour principe que le moulinage
ou le tord, quel qu'il ſoit, affoiblit la ſoie ; que plus il ſera fort &
ſerré, plus il l'affoiblira ; & comme, d'un autre côté, il ne peut, à
l'égard de la ſoie, être du même uſage qu'il eſt à l'égard du chanvre

& autres matieres propres à former du fil, il faut en conclure qu'il eſt néceſſaire de trouver au moulinage de la ſoie une autre cauſe, ou avouer qu'il eſt inutile, qu'il eſt même nuiſible.

J'eſpere, ſans me départir du principe de l'affoibliſſement par le tord des fils qui en compoſent un autre, faire voir dans la ſuite l'utilite, la néceſſité même du moulinage .de la ſoie. Auparavant j'obſerverai que l'auteur du mémoire cité n'en reſte pas à tenir pour maxime que le tord fortifie la ſoie : il va juſqu'à nous donner des régles ſur les quantités de tord que doivent recevoir les ſoies dans leurs apprêts, & l'on préſume bien que ces régles ſont ſubordonnées à ſa maxime, & qu'elles en dérivent.

Il eſt vrai que cette conſideration ſuffiroit ſeule pour les faire rejetter ; mais il faut faire attention que ſi, comme je l'ai dit, on a peu écrit ſur les Moulins à ſoie, on l'a encore bien moins fait ſur la quantité de tord à donner aux ſoies dans leurs apprêts : & les Moulins dont M. de Vaucanſon fait voir les défeɛtuoſités, ſemblent à cet égard avoir été faits au hazard ; ainſi les premiers enſeignemens ſur une matiere auſſi neuve, du moins à l'égard du plus grand nombre, s'ils ne ſont pas bons, ils ne peuvent ſe trouver renfermés dans un livre tel que l'Encyclopédie, qu'à notre déſavantage.

Je prendrai donc la liberté de contredire les régles préſentées par l'auteur que je n'ai pas l'honneur de connoître : c'eſt par la contradiɛtion, principalement lorſqu'elle n'eſt point amère, lorſqu'elle n'eſt pas le produit de l'eſprit ſatyrique, que ſe découvre ordinairement la vérité.

ARTICLE II.

Differtation fur les régles données par l'auteur du Mémoire fourni aux Éditeurs de l'Encyclopédie , pour le mot Soie *, article de fon moulinage.*

La premiere régle eft énoncée en ces termes par l'auteur : « Le » tord du premier apprêt doit être fi confidérable, que felon *la fup-* » *putation la plus exacte*, trois pouces de longueur de brin auront » reçu plus de huit cent tours.

Un peu après il donne la feconde ; favoir , que le tord du premier apprêt doit être *dix fois celui du fecond*.

J'avertis ici que la méthode que je me fuis faite, eft de compter le tord par pouce, c'eft-à-dire, que fi la foie a été tordue, de forte que, par exemple, dix-huit fpires ou hélices fe trouvent réparties fur chaque pouces de fa longueur : je dis que le tord de cette foie eft de dix-huit points par pouce ; & l'on voit que j'appelle point de tord l'effet d'une révolution du fufeau fur le fil qui s'en développe.

Cela pofé , j'obferve que de la combinaifon des deux régles ci-deffus, on pourroit déduire une régle générale qui feroit que le tord du premier apprêt doit être de deux cent foixante-fix points par pouce, & que celui du fecond doit être de vingt-fix, puifqu'il ne doit être que la dixiéme partie du premier.

Contre ces régles particulieres & contre la générale qui s'en déduit, vient une premiere objection. Si le tord fortifie la foie , ainfi que le penfe l'auteur, & s'il la fortifie d'autant plus qu'il eft plus fort , pourquoi le tord du fecond apprêt doit-il être fi foible en comparaifon de celui du premier ? Pourquoi , felon le même auteur, le fecond apprêt doit-il être léger ? Ne falloit-il pas au contraire pofer pour principe qu'il eft utile, qu'il eft néceffaire de le donner au plus fort poffible, afin que l'organfin acquiere cette force *extra-ordinaire* qu'il doit avoir ?

Mais indépendamment de cette difficulté, examinons les deux régles en particulier, & d'abord la premiere.

Ces huit cent tours, pour trois pouces de longueur, donnent, comme je l'ai dit, deux cent foixante-fix points par pouce. C'eft vingt-deux au moins par ligne ; & l'on conçoit, fans fe donner la peine d'en faire l'expérience, quel eft le mauvais effet que produi-roit fur le fil de foie, que la nature nous a donné fi beau, fi uni, fi fin, fi brillant, vingt-deux révolutions fur lui-même en hélice, & ces vingt-deux hélices (*a*) réparties fur une auffi petite longueur que celle d'une ligne ; car indépendamment de la forte tenfion & de la diminution par ce tord exceffif des forces des fils qui compofent le brin, ne conçoit-on pas que d'un pareil tortillement doit réfulter ce qu'on appelle le *grippage de la foie*, les replis tortueux fur elle-même, des inégalités, des nodofités, &c.

C'en feroit affez, ce femble, à celui qui fe donneroit la peine de faire attention à ceci, pour lui faire foupçonner de défaut d'exactitude la *fupputation* que l'auteur qualifie d'*exacte*, & dont il fait dé-river cette régle : examinons cependant qu'elle a pu être cette fup-putation *exacte*, & ce que l'auteur peut ou veut nous faire entendre par-là.

D'abord cette fupputation ne peut pas être le réfultat du calcul de la machine & de fes effets fur le fil de foie ; on veut dire qu'elle ne peut pas être le réfultat de la comparaifon qu'on feroit de la longueur du fil de foie tordu, & reçu par la bobine horizontale

---

(*a*) Un tour du filet de la vis fe nomme *fpire* ou *hélice* : Voyez *M. le Camus, Liv. VIII. de fa Statique.*

pendant une de ſes révolutions ; avec le nombre de tours que fait un fuſeau pendant cette même révolution : pour faire cette comparaiſon & ce calcul, il eſt néceſſaire que la machine y ſoit diſpoſée ; or celle dont nous parle l'auteur, celle qu'il décrit dans cet article, celle ſur laquelle conſéquemment auroit pu être faite cette comparaiſon, n'y eſt aſſurément pas diſpoſée ; elle eſt, a n'en pouvoir douter, & ainſi que je l'ai déjà dit, le moulin à ſtraffins, dont parle M. de Vaucanſon dans ſon Mémoire, année 1751, dont il a ſi bien fait ſentir les défauts, & celui ſur-tout que les ſtraffins qui font alternativement pirouetter les fuſeaux, ne peuvent leur donner, il s'en faut bien, le mouvement uniforme & régulier qu'il leur faudroit, pour pouvoir faire un calcul ou comparaiſon de cette eſpéce.

D'ailleurs il eſt bien eſſentiel de remarquer que ce n'eſt pas de la machine, ou de ſes effets qu'il faut tirer une régle telle que celle-ci ; il faut au contraire conformer la machine à la régle, & la mettre en état d'y conformer ſes effets.

Il faut donc que par *ſuppuration exacte*, l'auteur entende des expériences faites exactement, ſur des fils de ſoie plus ou moins tordus, par leſquelles expériences on auroit remarqué non-ſeulement qu'un fil de ſoie tordu eſt plus fort pour réſiſter à un poids qu'il n'étoit avant d'être tordu ; mais encore qu'un fil de ſoie qui aura reçu deux cent ſoixante ſix points de tord par pouce, ſoutiendra ſans ſe caſſer un poids beaucoup plus fort que celui qu'un fil, qui n'auroit reçu que la dixiéme partie de ce tord, ne ſoutiendroit. Or ce qu'on auroit remarqué là ſeroit bien contraire & diamétralement oppoſé aux expériences & démonſtrations de MM. de Réaumur & Duhamel : cependant l'auteur lui-même avouera probablement que celles-ci méritent la préférence. Paſſons à la ſeconde régle.

Elle eſt que le tord du premier apprêt doit être dix fois auſſi

fort que celui du fecond. Examinons fur quoi l'auteur la fonde
particuliérement ; s'il nous la préfente fans contradiction avec lui-
même, & d'une façon à nous la faire regarder comme certaine.

L'auteur fuppofe que les Piémontois font ceux qui font le plus
bel organfin & le meilleur ; que nous devons les regarder comme
nos maîtres à cet égard, fans avoir même en quelque forte la liberté
de réfléchir fur ce qu'ils veulent bien nous enfeigner : & partant
de cette fuppofition, il prétend tirer fa régle des termes de l'ordonnance de Piémont en 1737. Ces termes font, fuivant qu'il nous
les rapporte, *foixante points deffous*, *quinze deffus*, pour le premier
apprêt ; *tant fur tant*, *ou point fur point*, pour le fecond.

Concevant bien ces termes, les interprétant, & fondant fur fon
interprétation une démonftration, il en conclut que la régle dont
s'agit eft véritablement l'expreffion de l'efprit & de la lettre de
l'ordonnance de Piémont.

Quelques François pourroient répondre que la démonftration leur
devient indifférente, ainfi que l'efprit & la lettre de l'ordonnance
de Piémont ; mais je dirai fimplement que ces termes font inintel-
ligibles pour moi ; qu'ils me paroiffent un peu trop énigmatiques
& myftérieux pour pouvoir en déduire des régles de conftruction
de machines auffi importantes que celles-ci, pour en déduire, en un
mot, les bonnes & vraies proportions des piéces de ces mêmes machines : & j'ai peine à ne pas penfer que les Piémontois, en faveur de leur
organfin, & pour lui conferver le crédit, que probablement notre
feule prévention pour tout ce qui fe fait ailleurs que chez nous,
lui accorde, n'ont pas cru devoir parler plus clairement ; auffi la
démonftration (que j'entendrois fi je comprenois les termes d'où on
la tire) ne me perfuade pas ; elle le fait d'autant moins que je crois
m'appercevoir ici d'une contradiction de l'auteur avec lui même, d'une

conrradiction entre la régle dont nos maîtres, les Piémontois, veulent bien nous faire part, & ce que l'auteur nous dit qu'ils font réellement.

Pour concevoir ceci, il faut favoir que les moulins de Piémont, décrits par l'auteur, font compofés de quatre ou fix moulins, les uns fur les autres; c'eft à dire, de quatre ou fix rangées circulaires de fufeaux, qui ont chacune au-deffus d'elles un rang de bobines ou de guindres pour recevoir la foie tordue par les fufeaux: ce font des bobines dont les axes font horizontaux, qui reçoivent la foie à mefure qu'elle fe tord, s'il s'agit du premier apprêt: ce font des guindres s'il s'agit du fecond.

Ce rang de fufeaux, joint à fon rang de bobines ou de guindres, eft appellé *vargue*. Selon l'auteur, ces moulins Piémontois font com. pofés de quatre ou fix vargues, les uns fur les autres, mais plus communément de quatre; favoir, trois vargues à fufeaux & bobines pour le premier apprêt, & un feul à fufeaux & guindres pour le fecond: celui ci eft le vargue le plus bas. La raifon que rend l'Auteur de cet arrangement (il eft bien effentiel d'y faire attention) la voici: *c'eft que ce dernier vargue* (celui du fecond apprêt) *fait autant d'ouvrage lui feul que les deux, même les trois autres.*

Ces derniers termes font clairs. Il eft évident que l'auteur entend par-la que dans le tems qu'une toife de longueur de fil à un feul brin, reçoit fur un vargue le premier apprêt, trois toifes de fil à deux ou trois brins reçoivent le fecond apprêt. Cela pofé, confrontons l'arrangement à la régle.

Si la foie au premier apprêt doit recevoir dix fois plus de tord qu'au fecond, cet arrangement des Piémontois ne vaut affurément rien; puifqu'il faudra (& j'efpere qu'on en conviendra fi l'on y fait attention) il faudra, je ne dis pas *dix vargues*, mais *vingt vargues*

au

au moins, & non pas *trois*, pour fournir de l'ouvrage au seul vargue du second apprêt ; & cela quand il ne s'agiroit que d'organsin à deux bouts : car le fil du second apprêt est au moins double de celui du premier. D'un autre côté, ce fil double étant tordu dix fois moins que chacun des fils simples qui le composent ne le font, il fera *deux fois dix*, c'est-à-dire, *vingt fois* plus d'ouvrage qu'un pareil vargue du premier apprêt ; par la même raison il faudra *trente vargues* du premier apprêt, & non pas *trois*, pour fournir à un seul vargue du second apprêt, lorsqu'il s'agira d'organsin à trois bouts : lorsqu'il s'agira d'organsin à quatre bouts, il en faudra *quarante*. Tout cela est incontestable (*a*), ainsi il faut l'avouer, l'arrangement des moulins de Piémont contredit bien fort la régle : & si les termes *soixante points dessous*, *quinze dessus*, *tant sur tant*, *point sur point*, ont la valeur que l'auteur leur a donnée, certes les Piémontois contreviennent bien fort à l'ordonnance.

Mais ne quittons pas encore cet arrangement des moulins des Piémontois ; il a servi à nous montrer clairement une contradiction entre leur régle prétendue & ce qu'ils font réellement ; il servira encore à nous faire voir que chez les Piémontois, loin que le premier apprêt soit décuple du second, c'est beaucoup s'il est égal à celui-ci ; & j'espere qu'on en sera persuadé si l'on veut bien faire attention à ce qui va suivre.

Je répéte ce que dit l'auteur, ces moulins sont communément à quatre vargues, trois du premier & un seul du second apprêt. Répétons encore la raison qu'il en rend. C'est que « le vargue du

---

(*a*) Il n'est personne en effet qui ne conçoive qu'à vitesse égale des fuseaux, moins on donnera de tord à la soie, plus il en montera dans un tems donné sur la bobine ou sur le guindre, & réciproquement..... Aussi est-ce par ce principe que l'auteur, en conséquence des termes de l'ordonnance de Piémont, prétend prouver que le tord du premier apprêt est décuple de celui du second. Voyez sa *description du moulinage de la soie*.

» second apprêt fait autant d'ouvrage que les deux, même les trois
» autres.

Ces quatre vargues reçoivent le mouvement par un seul & même
moteur. Ils travaillent tous à la fois ; & il est visible que cet arrangement est pour pouvoir travailler en même tems aux deux
apprêts de l'organsin soit a deux , soit à trois bouts. Il est visible
encore que c'est pour faire ensorte que les vargues du premier
apprêt fournissent suffisamment de la matiere à celui du second,
& de façon qu'il ne soit pas mis en mouvement inutilement.

Maintenant supposons qu'il s'agisse de faire de l'organsin à trois
bouts ; je demande à l'auteur si , afin que le vargue du second
apprêt, dont le fil est triple de celui du premier, ne chomme pas ;
e lui demande, dis-je, s'il n'est pas nécessaire que l'ouvrage se
fasse du moins aussi vîte sur chacun des vargues du premier apprêt
que sur celui du second, c'est-à-dire, si pendant qu'un fil triple
d'une toise de longueur reçoit le second apprêt , il ne faut pas,
pour remplacer celui-ci, que *trois toises* au moins de fil simple
reçoivent le premier apprêt sur les trois autres vargues ensemble ?
Si cela est nécessaire (comme il est évident) il s'ensuit que le
tord du premier apprêt , sur chacun des trois vargues, doit être
au plus égal à celui du second ; car s'il le surpassoit , il faudroit
plus de tems pour le donner , & les trois vargues du premier ne
pourroient plus fournir suffisamment de matiere à celui du second.
Il y auroit des tems où ce dernier travailleroit (ce qu'on appelle)
à vuide, & ces tems seroient d'autant plus considérables, que le
tord du premier apprêt seroit plus fort que celui du second. Ainsi
il est sensible que c'est beaucoup, si en Piémont le tord du premier
apprêt égale celui du second.

Les fils qui composent un brin de soie n'acquérant pas de nou-

velles forces par le tortillement des uns fur les autres, ainſi qu'il a
été démontré , il me reſte à indiquer, comme je l'ai promis, une
autre raiſon du moulinage de la ſoie.

ARTICLE III.

Le moulinage eſt néceſſaire à la Soie deſtinée à être décreuſée.

» C'ᴇꜱᴛ la certitude que le tortillement affoiblit les cordes qui
» détermina M. Mutſchenbroek à chercher les moyens d'en faire
» ſans cette condition , eſt-il dit dans l'Encyclopédie fous le mot
» *corde méchanique.* Si la ſoie pouvoit être employée dans les étoffes
avec cette gomme aurore qu'elle porte, & qui lui reſte après qu'elle
eſt tirée des cocons , le moyen cherché par Mutſchenbroek ſeroit
trouvé, du moins à l'égard de la ſoie. Ce moyen ſeroit cette gomme
même qui colle les fils des cocons, & les fait adhérer ſelon leur
longueur les uns aux autres. Cette gomme ſuppléeroit par-là au tortillement des fils, qui ſans elle deviendroit néceſſaire pour produire
cette adhérence ; en même tems elle conſerveroit à chacun des fils
de cocons, qui compoſent le brin, toute ſa force. La ſoie par là
conſerveroit encore ſon brillant, ſa longueur & conſéquemment ſa
fineſſe.

Mais malheureuſement il n'y a que très-peu d'ouvrages où l'on
employe la ſoie avec ſa gomme. Il faut pour preſque tous la dé-
gommer. Ce dégommage , que l'on nomme *décreuſement ,* lu
ôte ſa roideur & lui donne la flexibilité convenable, en même tems
(& c'eſt le point capital) il la met en état de recevoir la teinture.

Or voici ce que produit cette opération néceſſaire, & ce qui,
ſelon moi , rend le moulinage néceſſaire auſſi.

Cette gomme qui enduit le fil de ſoie au point de former , on le fçait , le quart de fa fubftance ou de fon poids ; cette gomme qui réuniffoit les fils de cocons les uns aux autres, fans qu'on pût les défunir ; cette gomme, dis-je, enlevée, les fils qui compofoient le brin total font défunis. Les efpaces qu'occupoit la gomme entre-eux reftent vuides. Ces mêmes fils , de toute part attaqués par les alkalis du favon, que l'eau bouillante y a introduit, feront auffi bien que le brin qu'ils compofent, couverts d'un petit duvet , par lequel ils s'accrocheront à tout ce qu'ils rencontreront. Plufieurs fe déchireront, fe cafferont au chevillage dont ils auront à fupporter les efforts, & à la teinture , & au luftrage. Ils feront à l'ouvrage encore plus expofés à fe déchirer & fe caffer par les frottemens qu'ils y effuye-ront. Dans les endroits multipliés où quelques-uns de ces fils com-pofans auront été caffés, le brin en fera d'autant moins fort. Enfin, les étoffes dans lefquelles le fil de foie, en cet état, fera employé, fe cotonneront.

Pour prévenir tous ces mauvais effets du décreufement , on doit donc réunir auparavant , par le tord, les fils que l'on fçait qu'il défunira. Le fil, par exemple , qu'on nomme *poil*, compofé d'un feul brin de foie, & qui ne doit être employé que dans la bonne-terie, pourroit-il ne pas fe cotonner à la teinture & à l'ouvrage, après ce que le décreufement lui aura fait fupporter , fi l'on ne travailloit à réunir par avance & par un tord leger, les fils qui le compofent ? La trame formée de deux ou trois brins, n'a-t-elle pas befoin auffi de cette réunion par le tord, pour ne pas être expofée au mêmes inconvéniens, foit à la teinture , foit au dévidage, foit à l'ouvrage ? Elle fouffrira moins de frottemens que la chaîne ; auffi fe contentera-t-on de la réunion qui peut s'opérer par le fim-ple tortillement des brins qui la compofent les uns fur les autres. La chaîne, comme on vient de le faire preffentir , indépendam-ment des frottemens qu'elle doit effuyer comme la trame , elle aura à supporter au par-delà ceux multipliés du paſſage du fil de trame ; ainſi il faudra une réunion plus intime , pour ainſi dire ; une réunion double de l'autre ; il faudra donc faire précéder l'apprêt, pareil à celui de la trame, par un autre qui réunira d'abord les fils de chacun des deux ou trois brins particuliers dont l'organſin doit être compoſé. Ces deux apprêts, donnés à contre-ſens l'un de l'autre , oppoſés l'un à l'autre , ſe feront réciproquement équilibre, ſe maintiendront l'un par l'autre , & maintiendront d'autant plus la réunion. Non-ſeulement les fils particuliers qui compoſent chaque brin, mais encore les brins même en particulier, & qui compoſent celui total de l'organſin, ne ſeront plus expoſés à ſupporter ſeuls & ſéparément des autres, les frottemens auxquels ils ne réſiſteroient pas.

Ce n'eſt qu'en ce ſens, ſelon moi, que le moulinage qui les unit, qui réunit les forces particulieres que le tortillement & le décreuſement leur ont laiſſés, peut être dit *fortifier la ſoie*. Le peu que ces fils perdent de leurs forces par un moulinage modéré, n'eſt pas comparable aux riſques qu'ils courroient ſans cette réunion, ni aux avantages qui en réſultent pour la facilité, la bonté, la perfection de l'ouvrage. Il ſuit donc delà qu'encore qu'en général le tord, quel qu'il ſoit, diminue les forces particulieres des fils qui en compoſent un autre ; le moulinage devient néceſſaire à la ſoie *qui doit ſouffrir le décreuſement* : mais il n'eſt utile qu'à la réunion dont nous avons parlé ; il faut donc le borner à ce qui en eſt néceſſaire à cette même réunion ; tout ce qui ſeroit au-delà deviendroit non-ſeulement inutile , mais nuiſible , par l'effet général du tortillement ſur les fils.

Ce tord porté au-delà du néceſſaire nuiroit encore par une autre raiſon, la voici :

Plus le tord ſera fort, plus il diſtendra les fils qui compoſeront le brin total : or plus leur diftenfion fera forte , moins ils feront capables d'effuyer , fans altération, l'action violente des fels dans le décreufement , cela eft évident ; c'eft cependant ce à quoi l'on ne paroît pas avoir fait grande attention jufqu'à préfent.

ARTICLE IV.

Quelle paroît être la quantité de tord propre à remédier aux effets du décreufement.

L<small>A</small> néceffité du moulinage devant être, ainfi que je crois l'avoir fait voir , bornée à la foie qui doit fouffrir le décreufement, & le tord lui-même devant fe reftraindre auffi à ce qui eft néceffaire à la réunion des fils que ce même décreufement défunira ; peut-être demandera-t-on quelle eft, du moins à-peu-près , la quantité de tord fuffifante à cette réunion ?

S'il m'eft permis d'expofer mon fentiment là deffus, je dirai qu'il me paroît que deux révolutions du fil en hélice, réparties fur la petite longueur d'une ligne ; ou (ce qui eft le même) que vingt-quatre à vingt-cinq points de tord par pouce , fuffiront à cette réunion, & cela tant au premier apprêt qu'au fecond.

A l'appui de cette opinion viennent , 1°. des efpéces d'analyfes que j'ai faites à l'œil, de quelques échantillons d'organfin de Piémont & de France, qui m'ont été envoyés de Lyon ; j'ai remarqué que cet organfin, affez fin, n'avoit reçu que vingt-deux à vingt-trois points de tord par pouce au fecond apprêt: au premier, il m'a femblé en avoir reçu encore moins. En fecond lieu je ferai remarquer que cette même opinion eft bien relative à tout ce qui a été dit au-paravant fur l'arrangement des moulins Piémontois : il eft très-poffible même de l'en déduire ; car d'un côté il fuit, comme je l'ai dit, de la combinaifon des deux régles préfentées par l'auteur qui nous a fait connoître cet arrangement : que, felon cet auteur même, le tord de vingt-cinq à vingt-fix points par pouce eft bien fuffifant, du moins au fecond apprêt; & de l'autre, j'ai fait voir que c'eft beaucoup fi en Piémont le tord du premier apprêt égale celui du fecond.

Ceci n'eft préfenté au refte qu'en attendant que quelque perfonne impartiale & déprévenue, plus à portée que moi d'obferver les effets du trop grand tord fur la foie, nous aura donné quelque chofe de mieux.

ARTICLE V.

Le tord du premier apprêt doit être égal à celui du fecond.

C'EST encore en attendant ceci que je ferai remarquer qu'en avançant, comme je viens de le faire, que la réunion des fils ne me paroiffoit pas demander communément un tord plus fort que celui de vingt-cinq points par pouce; j'ai ajouté, *foit au premier, foit au fecond apprêt.* Par-là j'ai fait entendre que je ne penfois pas qu'il dût y avoir de la différence entre un apprêt & l'autre. Je penfe en effet (s'il m'eft permis de le dire) que quelle que foit d'ailleurs & en général la quantité de tord déterminée néceffaire à la réunion des fils, après avoir donné cette quantité au premier apprêt, on doit la donner encore au fecond. Je ne fuis pas feul de ce fentiment ; j'avouerai même que je ne fais ici qu'adhérer à celui d'un Méchanicien des plus habiles (*a*), dont l'opinion mérite d'autant plus de confideration, qu'il eft parfaitement au fait de nos Manufactures d'étoffes de foie & de nos Moulins à foie ; mais n'étant plus d'ufage en matieres phyfiques de fe contenter d'étayer fes fentimens de ceux même des perfonnes auxquelles il paroîtroit convenir

---

(*a*) M. Goeffons de la Société royale des Sciences à Lyon.

de fe rapporter, je déduirai les raifons fur lefquelles je fonde celui-ci.

Il y a à la vérité bien de la différence entre faire de la corde & faire de l'organfin ; entre *commettre* la corde & donner les deux apprêts à la foie pour en faire de l'organfin. On commet la corde par une feule & même opération que je définirai bientôt. On fait l'organfin par deux opérations différentes, par deux moulinages féparés & fucceffifs : mais par les deux méthodes on aboutit au même point, & l'on attend d'elles le même effet.

L'organfin eft proprement une petite corde de foie ; il en eft même qui le nomment *un petit cable.* En le faifant, on donne à fes fils, comme à ceux de la corde, deux tords contraires & oppofés : on a en vue par-là de maintenir dans l'organfin, comme dans la corde, un tortillement par l'autre ; enforte qu'ils fe faffent réciproquement équilibre.

Or examinons ce qui maintient cet équilibre, de façon que la corde, une fois commife, ne fe détortille pas ; fi c'eft parce qu'un tortillement eft égal à l'autre ; fi c'eft parce qu'il n'eft aucun pas d'hélice qui n'ait fon contre-pas d'hélice oppofé dans l'autre tortillement : il fera aifé d'en conclurre que pour établir & maintenir cet équilibre dans l'organfin, il faudra que les deux apprêts foient égaux ; c'eft-à-dire, que fi l'on fe détermine à donner, par exemple, vingt points par pouce au premier apprêt, il faudra au fecond apprêt en donner vingt auffi par pouce.

Le *bitord* des Cordiers, qui eft une ficelle compofée de deux fils, répond à l'organfin à deux bouts ; le *merlin*, compofé de trois fils, répond à celui à trois bouts. Je ne décrirai pas ici comment l'un & l'autre fe commettent : je dirai feulement que commettre le bitord, par exemple, c'eft tordre du même fens les deux brins d'un même fil ;

fil; enforte que par l'élafticité de la matiere qui compofe ce fil, ces brins font contraints de tourner en hélice du côté contraire au tord qu'ils reçoivent actuellement, & de fe rouler l'un fur l'autre de ce même côté contraire. Il réfulte delà, aux fils qui compofent le bitord, deux tortillemens oppofés ; favoir, celui que ces brins reçoivent (*a*) chacun en particulier de gauche à droite, par exemple, & celui produit par le premier, & qui leur réfulte de s'être roulés l'un fur l'autre de droite à gauche.

Lorfque les fils de la corde ont reçu à la fois, & par cette feule opération, ces deux tortillemens oppofés ; lorfqu'elle eft commife, & qu'abandonnée à elle-même elle s'eft (fi l'on veut) foulagée d'une partie du premier tortillement qui lui a été donné pour bander, pour ainfi dire, les reflorts & forcer les fils à fe rouler l'un fur l'autre ; alors elle ne fe détortille plus, tout refte tranquille & en équilibre. Cherchons-en la raifon, elle ne fera pas bien difficile à trouver.

1.° Lorfque je tourne en hélice, par fon extrémité, un des brins du bitord qui vient d'être commis, lorfque je le tord dans le fens même de fon premier tortillement, il y réfifte, & fi je l'ai forcé à recevoir trois nouvelles révolutions dans ce fens, en l'abandonnant enfuite à lui-même, il fe remettra en fon premier état par trois révolutions en fens contraire. La raifon de cet effet eft bien fenfible ;

(*a*) Je ne parle que du tord qu'on donne aux fils lorfquon les commet ; je laiffe à l'écart & je compte pour rien le premier qu'ils ont reçu lorfqu'on les a filés : il eft aifé d'en fentir la raifon ; l'effet de ce premier tord eft borné à maintenir le chanvre dans la forme que la foie a naturellement. Voyez *l'Art. III. Ch. I. ci-deffus.* Auffi devient-il néceffaire, lorfqu'on commet ces fils, de leur donner un tord nouveau & de même qu'on feroit à des brins de foie qui n'auroient pas été tordus auparavant, & qu'on voudroit commettre auffi. Toute la différence feroit que, comme le fil de foie eft formé naturellement, il deviendroit indifférent d'en tourner les brins à droite ou à gauche ; aulieu qu'il ne le feroit pas de faire la même chofe aux fils de chanvre ; puifque, fi on les tournoit du côté contraire au tord qu'ils ont reçu lorfqu'ils ont été filés, non-feulement ils ne fe commettroient pas, mais encore les brins de chanvre qui les compoferoient fe défuniroient, &c.....

Ire Part.   D

ces trois nouvelles hélices, ajoutées au premier tortillement, n'ont
pas leurs trois contre-hélices dans le second tortillement ; rien
n'empêche donc que par l'élasticité naturelle de ce brin, il ne perde
ce nouveau tord.

2°. Si l'on fait faire à la corde commise trois autres révolutions
dans le sens du second tortillement, ces trois nouvelles hélices ne
se maintiendront pas, c'est par la même raison ; elles n'ont pas
dans le premier tortillement des contre-hélices qui les maintiennent.

Il est donc sensible que dans la corde commise chaque hélice
ne se maintient que par son opposée, & conséquemment que le
nombre des hélices, dans l'un & l'autre tortillement, est égal : ainsi
c'est leur nombre égal dans chaque tortillement, qui produit l'équilibre dont il s'agit.

M. Duhamel nous dit ceci en d'autres termes dans l'Art de la
Corderie, chap. 7. « Qu'est-ce, dit il, pag. 156, qui fait le tortille-
» ment d'une corde ? C'est, comme on vient de le voir, l'élasticité
» des fils, ou l'effort qu'ils font pour se détordre : or cette élasticité
» des fils augmente à mesure qu'ils sont plus tordus ; *donc la corde*
» *doit être d'autant plus tortillée de gauche à droite que les fils l'auront*
» *plus été de droite à gauche.* » Un peu plus bas il dit :

» Une corde bien faite doit être regardée comme deux ressorts
» d'égale force, qui agissant l'un contre l'autre ne produisent aucun
» effet. »

Venons à l'application de ceci à l'organsin.

Il seroit trop long de le commettre comme la corde ; il seroit trop
difficile de le faire sur la longueur du fil qui compose ordinairement
un écheveau de soie ; cette longueur est immense si on la compare
à celle d'une corde que l'on commet : on est donc obligé de donner,
séparément & successivement, aux fils de l'organsin, les deux tortille-

Iu PART, CHAP. II.

mens contraires, & propres à en faire du *bitord* ou du *merlin* de
foie (*a*).

Mais fi l'on veut que ces tortillemens fe faffent équilibre comme
dans les vrais bitord & merlin, n'eft-il pas évident qu'il faut faire
enforte que chaque hélice ou chaque point de tord d'un apprêt,
ait fa contre hélice ou fon contre-point de tord dans l'autre apprêt,
& conféquemment que les deux apprêts foient égaux.

Je finirai cet article par une obfervation telle, à l'égard de l'organfin, que celle que M. Duhamel a fait à l'égard de la corde.
Les deux forces contraires, qu'acquiérent les fils de l'organfin par
leurs tortillemens, ne le fortifient pas ; puifque ces fils n'acquiérent
ces deux forces qu'aux dépens des parties élaftiques qui les compofent, & que par la tenfion de ces mêmes parties : on conçoit
donc que plus cette tenfion fera forte, plus les fils auront perdu de
leurs forces, & moins il en reftera conféquemment à l'organfin.
Cela fait toujours fentir de plus en plus l'erreur de ceux qui s'ima-
ginent que l'organfin le plus fort eft celui qui a reçu le plus de tord.

En vain diroient-ils que la foie tordue perd par fon décreufement,
dans l'eau bouillante, la tenfion que le tord avoit donnée à fes par-

---

(*a*) L'organfin à trois bouts repond, ainfi que je l'ai dit, au merlin, comme celui à
deux bouts repond au bitord. On pourroit faire de ce premier organfin qui feroit à trois brins
de chacun fix fils de cocons, aulieu d'organfin à deux brins de neuf fils chacun : il n'y auroit
pas plus de foie dans l'un que dans l'autre ; & cependant on trouveroit, ce femble, à ce
même premier organfin, les mêmes avantages fur le fecond, que M. Duhamel attribue, à fi
juftes titres, au merlin fur le bitord. On peut voir la page 162 & les fuivantes de l'Art de la
Corderie ; & (par application à l'organfin, de ce qui y eft dit) on en conclura probablement,
1.° Que celui à trois bouts ne devant recevoir, foit au premier apprêt, foit au fecond, que
les deux tiers du tord que recevroit, à chacun des mêmes apprêts, l'organfin à deux bouts,
ce premier doit être plus fort que le fecond. 2.° Qu'il y auroit auffi de l'avantage à l'égard
de la viteffe ou expédition de l'ouvrage ; puifqu'il eft clair qu'au fecond apprêt de l'organfin
a trois bouts, il fe feroit, dans le même tems, un tiers d'ouvrage de plus qu'au fecond apprêt
de l'organfin à deux bouts, tandis qu'au premier apprêt de l'un & l'autre, la viteffe de l'ouvrage feroit précifément la même.
J'y trouverois encore de l'avantage, à l'égard du luftre de la foie, puifque les trois brins
qui compoferoient le premier organfin, auroient enfemble, plus de furface pour réfléchir la
lumiere que ces deux qui compoferoient le fecond ; mais je foumets encore tout ceci aux
réflexions des connoiffeurs.

ties ; je répondrois que les Fabricans de bas employent la soie décreusée, mais qu'ils ne la veulent pas aussi fortement tordue que celle à employer dans les étoffes : ils trouvent le travail de celle-ci plus long & plus difficile, parce que la soie se casse souvent ; ils trouvent qu'avec cela l'ouvrage en est moins propre & de moindre durée. La cause de ces mauvais effets est donc le trop grand tord de la soie lorsqu'elle étoit grése ; ainsi cette cause, cet affoiblissement de la soie par le tord, subsiste après le décreusement.

En effet le fil de soie forme presque une ligne droite dans les étoffes, & il y diminue très-peu de longueur ; dans les ouvrages de Bonneterie, au contraire, il forme une ligne ondée, dont les ondes sont très-courbes & si multipliées que la longueur du fil en est diminuée fortement : dans les étoffes, les parties extérieures du fil, qui, par son tord en spirale, ont souffert une extension, n'en ont pas une nouvelle à souffrir ; dans les ouvrages de Bonneterie, le fil se courbant fréquemment, elles en souffrent une nouvelle ; car on sait que ce qui fait résister une corde à se courber, est la nouvelle extension que doivent souffrir pour cela les parties extérieures des fils qui la composent. Cette nouvelle extension (des parties extérieures du fil de soie par la courbure), se joignant à la premiere, altérera ces parties au point de ne pouvoir plus gueres s'étendre sans se casser (*a*). Il suit donc delà que plus la soie aura été tordue avant le décreusement, moins elle résistera à cette nouvelle extension étant décreusée : or moins elle résistera à cette nouvelle extension, plus elle sera foible ; ainsi la tension & le ressort que les parties du fil avoient acquis par le tord seront détruits, à la vérité, par le décreusement ; mais l'extension de ces parties & leur affoiblissement par cette même extension ne le seront pas.

Fin de la premiere Partie.

(*a*) Voyez l'Art de la Corderie, pag. 230 & suivantes.

SECONDE PARTIE.

DESCRIPTION DE LA MACHINE, DE SES USAGES, &c.

CHAPITRE PREMIER.

Defcription du Moulin, développement de fon fyftême.

JE fuppofe qu'on a jetté les yeux fur les plans & différentes élévations de la Machine, pour s'en former une premiere idée, & je dis que, des fix montans, dont on voit les coupes horizontales en A, B, C, D, E, F, [*Fig.* 1.ʳᵉ], les quatre premiers vers la gauche, font affemblés par deux étages de traverfes [*Fig.* 3], l'un pour porter la cage circulaire des fufeaux, l'autre pour porter celles des guindres. J'obferverai enfuite que les deux autres montans E F [*Fig.* 1.ʳᵉ], fe joignent au deux, C D, par trois étages de traverfes [*Fig.* 3], pour porter l'arbre vertical ou *la tige du moulin*, de même que la manivelle & fon rouet; cela fe fait par trois autres traverfes, dont chacune porte par fes extrémités fur chacun des étages dont on vient de parler, & de la même façon que celle W W [*Fig.* 2], qui eft celle de l'étage fupérieur; les deux autres ne peuvent paroître dans les Figures premiere & troifiéme.

Après ce coup d'œil général, venons au détail.

ARTICLE PREMIER.

Defcription du bas du Moulin & des piéces qui le compofent.

L a Figure 4 montre un fufeau nud, & la forme qu'on a donnée à tous ceux de ce Moulin. Il eſt de fer & deſtiné à tourner ſur ſon pivot *a*, reçu dans une crapaudine de cuivre, & à être maintenu verticalement par ſon collet ou étranglement *b*, contenu dans une petite lunette de cuivre, qui lui laiſſe la liberté de tourner. Sa poulie ou cuivrot *c*, eſt pour recevoir la corde qui doit le mettre en mouvement ; ſa partie pyramidale quarrée *d e*, reçoit la bobine [*Fig.* 5], qui eſt percée quarrément. En *d*, eſt une moulure ou embaſe aſſez haute & aſſez large pour ſupporter la bobine & l'empêcher de deſcendre plus bas. La partie ronde *e f*, du fuſeau, doit recevoir la couronnelle [*Fig.* 6], qui eſt percée d'un trou rond pour pouvoir jouer, ou tourner librement ſur cette partie (*a*). En *f*, le fuſeau ſe trouve percé de part en part, & perpendiculairement à ſon axe : ce trou eſt pour loger une goupille de bois qui empêche la couronnelle de s'échapper pendant que le fuſeau eſt en mouvement.

Ce en quoi ce fuſeau differe principalement de ceux des Moulins à ſoie ordinaires, eſt la petite poulie de cuivre dont la gorge eſt faite en angle très aigu : cette poulie lui eſt ajoutée pour lui communiquer le mouvement par une petite corde. On voit dans le bas de la Figure 3 les fuſeaux revêtus de leurs piéces (*b*).

(*a*) Voyez ce qu'on dit de cette couronnelle à la page 6.

(*b*) Je dois faire remarquer ici une faute dans le deſſein. Les boucles ſupérieures de la plûpart des couronnelles y ſont de côté, & non dans l'axe du fuſeau ; il eſt ſenſible, par la figure même, que lorſque l'on donne cette poſition à ces boucles, le fil de ſoie, qui, partant de la bobine a été conduit dans la boucle inférieure, & delà à la ſupérieure de la couronnelle, doit rencontrer à chaque révolution de la même couronnelle le haut du fuſeau, ou la goupille qui y eſt, & conſéquemment qu'il doit ſe caſſer ſouvent ; il faudroit donc

La cage ronde , dans laquelle les fuseaux sont placés, est composée de deux cercles évuidés dans le milieu ou plutôt de deux couronnes de cercle de bois pareilles à celle terminée par les circonférences concentriques G H I K, *g h i k* [*Fig.* 1.re]; la couronne inférieure est cachée dans cette figure par la supérieure ;. mais les deux couronnes, ou du moins leurs moitiés (*a*), paroissent avec leur épaisseur & distance dans la Fig. 3. La supérieure est G H ; l'inférieure B D.

Elles sont assemblées par six boulons semblables à celui représenté à part [*Fig.* 7]. Ils sont distribués à distances égales sur une même circonférence, ainsi qu'on le voit aux endroits marqués L, sur la couronne G H I K [*Fig.* 1.re]; ces boulons sont à double clavette & double embase [*Fig.* 7]. On en voit quatre en place dans la Figure 3. Ils y sont marqués L ; & l'on conçoit que ces boulons, également distribués sur une même circonférence, & ayant leurs embases à distances égales, doivent maintenir les couronnes dans leur pourtour à une distance l'une de l'autre, égale aussi.

Les fuseaux sont logés dans cette cage circulaire, ainsi qu'on le voit en G D. De plus, ils y sont mobiles sur leur pivot d'en bas, recus dans les petites crapaudines qui sont dans la couronne inférieure B D. Ils y sont maintenus verticalement, & avec liberté de tourner par leur collet recu dans-les lunettes de laiton portées par la couronne supérieure G H (*b*). Ils y sont enfin au nombre de

que tous les centres de ces boucles supérieures fussent placés dans la figure, précisément dans les axes prolongés des fuseaux, & ainsi qu'ils sont aux cinquième, septieme & douziéme de ces fuseaux, à compter de la gauche de cette même figure.

(*a*) On dit leurs moitiés, parce que la Figure 3 ne représente que la moitié, ou l'un des grands côtés du Moulin; mais ceci est suffisant, puisque l'autre côté est en tout semblable au premier.

(*b*) Les crapaudines ne sont autre chose que des petits cylindres de cuivre ou métal de cloche, de trois à quatre lignes de diametre, sur sept à huit de hauteur, sciés dans un bâton de même métal & diametre. Dans la base supérieure de ce petit cylindre, on vingt-quatre, diſtribués [*Fig.* 1ʳᵉ] à trois pouces les uns des autres, ſur une circonférence d'un pied de rayon, & dans l'ordre marqué ſur la couronne G H I K.

Chaque fuſeau y eſt déſigné par trois circonférences concentriques. La plus petite marque une coupe horizontale du fuſeau (*a*); la moyenne celle de la bobine; la plus grande eſt la circonférence que décrit la boucle inférieure de la couronnelle, lorſque le fuſeau tourne.

Les fuſeaux ainſi diſtribués & logés', ayant chacun leur poulie à égale diſtance de la couronne inférieure B D [*Fig.* 3], ſont menés par une corde ſans fin d'une ligne de diametre; laquelle corde eſt menée elle-même par la grande poulie M de la tige du moulin. On peut ſuivre de l'œil, ſur la Figure 1ʳᵉ, le chemin de cette corde; & l'on y remarquera que c'eſt ſon paſſage derriere les roulettes N N, en entrant dans le chaſſis & en en ſortant, qui la fait appuyer ſur le devant & dans les poulies des fuſeaux. Ces roulettes ſont des eſpéces de demi-fuſeaux de bois pivotés & tourillonnés de fer; elles ſont mobiles comme eux ſur leurs pivots dans leurs crapaudines, & ſont maintenues verticalement par leurs petits tourillons reçus,

&

---

a fait un petit enfoncement conique d'environ une ligne de profondeur pour recevoir le pivot. Chacune de ces crapaudines eſt à ſa place, logée dans l'épaiſſeur de la couronne inférieure, dans un trou percé de part en part de la couronne, dans lequel on l'a fait entrer de force. Ceci donne la facilité (moyennant un petit goujon de fer & quelques legers coups de marteau) d'abaiſſer ou d'exhauſſer, au beſoin, d'une demi-ligne, plus ou moins, la crapaudine.

Les lunettes ſont des plaquettes de laiton d'un pouce en quarré, ſur environ une ligne d'épaiſſeur. Elles ont été percées chacune d'un trou rond dans le milieu, & d'un diametre un peu plus fort que celui du collet du fuſeau. Après que, vers chacun des angles de la plaquette, on a eu fait un petit trou pour paſſer une épingle de fil de fer, on l'a ſcié en deux parties égales, leſquelles ſe raccordant & contenant le collet du fuſeau, ont été noyées dans le bois de la partie ſupérieure de la couronne G H I K (*Fig.* 1.); elles y ſont maintenus par les épingles aux angles.

(*a*) Cette coupe devroit être repréſentée quarrée.

& tournans dans la couronne fupérieure. On voit une de ces roulettes en N [*Fig.* 3].

On fait que les cordes s'allongent ou s'accourciffent felon la féche-reffe ou l'humidité de l'atmofphere ; pour parer à ces variations de la corde & la maintenir toujours dans une tenfion égale , on a placé au-devant des deux montans C, D [*Fig.* 1 ^{re}], fur la planchette O O, deux petits chariots qui portent chacun l'effieu d'une petite poulie. Ces chariots jouent comme des couliffes ou tiroirs dans leur canal formé par deux régles attachées fur les rives de la planchette O O ; chacun de ces petits chariots répond à un poids au-deffous de la traverfe. Ce poids, (au moyen de la corde par laquelle il eft fuf-pendu, & qui paffe fur la poulie fixe O), attire ce petit chariot vers le même côté O. Un coup d'œil fur le bas de la Figure 8 , fera concevoir tous ce petit méchanifme ; & en même-tems , qu'en plaçant l'un des brins, ou fi l'on veut les deux brins de la corde fur les poulies de ces petits chariots [*Fig.* 1.re], ils feront contre - poids & tiendront la corde toujours dans une tenfion égale & indépendante des varia-tions de l'atmofphere.

REMARQUE.

J'observerai que, comme dans prefque toute cette machine, l'engrenage des poulies, par des cordes fans fin, remplace celui des roues dentées ; ces cordes s'y trouvent au nombre de huit, ayant chacune leur petit *chariot contre-poids*, pareil à ceux dont on vient de parler. La feule difference eft que ceux-là jouent dans des plans perpendiculaires, aulieu que ceux-ci le font dans un plan horizontal ; ainfi ce qu'on en vient de dire fervira à l'intelligence de la conftruc-tion de tous les autres. Paffons maintenant à l'examen de l'étage des guindres , ou du haut du Moulin.

ARTICLE II.

Description du haut du Moulin.

Les guindres ou dévidoirs font placés dans une cage en parallélogramme rectangle, portée (ainfi qu'on le voit Fig. 3), par le fecond étage de traverfes P Q, qui fert à affembler les quatre montans A, B, C, D [*Fig.* 2].

Cette cage eft formée par deux ais de longueur égale, mais leur largeur eft un peu différente ; fur chaque grand côté du Moulin, le fupérieur en a un pouce de moins que l'inférieur. On ne peut pas voir en la Figure 2 cet ais fupérieur, on ne voit que l'inférieur I K ; mais les épaiffeurs & emplacemens de l'un & de l'autre fe voient en I K & en O O [*Fig.* 3].

Pour former la cage de la hauteur qu'on vient de voir, ces ais font affemblés par fix montans, dont on voit les largeurs, épaiffeurs & emplacemens aux endroits marqués L [*Fig.* 2] ; ces montans portent à chacune de leurs extrémités des tenons qui pénétrent & paffent au-delà des épaiffeurs des ais, & qui dans leurs parties faillantes font percés & clavettés. Deux de ces tenons font F, F [*Fig.* 3] ; les autres, foit fupérieurs, foit inférieurs, font cachés par d'autres parties de la machine. On voit cependant en F [*Fig.* 8] les tenons inférieurs de deux montans, auffi bien que les fupérieurs.

Cette cage eft faite, comme on l'a dit, pour loger les quatre guindres ; favoir, deux fur chacune des faces du Moulin. Ils y font difpofés entre-eux dans l'ordre marqué dans la Figure 2, où il y en a qui font brifés, pour laiffer voir entiere une autre partie dont on parlera en fon lieu. On remarque dans la Figure 3 la hauteur à laquelle les guindres font placés, & en même-tems, que les montans L, dont on a parlé, fervent d'appuis à leurs tourillons & collets.

Ces dévidoirs ou guindres, dont les arbres doivent être horizontaux, ne font autre chofe que des chevalets compofés de quatre
lames de bois, fixées à quelques diftances de leurs extrémités, fur
les quatre branches égales de deux petites croix montées fur un
même arbre. On fait que dans les Figures 2 & 3 il n'y a que deux
des quatre lames qui puiffent paroître, du moins diftinctement : dans
la Figure 2 on a repréfenté les deux lames de chaque guindre,
qui ont au-deffous d'elles une clef ou coin de la longueur de la
lame. Cette clef porte une échancrure R, enforte qu'en la tirant à
foi, fuivant la longueur de la lame, l'extrémité, vers R, de cette
lame (mobile vers fon autre extrémité S comme fur un centre), a la
liberté de fe baiffer de quelques lignes vers l'arbre du guindre. Ceci
eft fait, on le fent bien, pour pouvoir tirer les écheveaux de foie
de deffus le guindre. Quand ils en font tirés, fi l'on repouffe les
clefs, les deux lames fe remettent en leur premier état.

L'arbre de chaque guindre eft terminé, d'un côté, par un tourillon reçu dans le montant du milieu [*Fig. 2 & 3*]; il eft terminé
de l'autre côté par fa poulie V; fon autre tourillon, ou plutôt
fon collet, eft entre cette poulie & les extrémités des lames des
guindres. On voit dans ces deux Figures & dans la neuviéme
que ces collets & tourillons, tournent dans les montans qui leur
fervent d'appuis : le Déffinateur a oublié cependant de marquer les
entrées de ces appuis fur les montans L de la Figure 3.

REMARQUE I.re

Avant de venir à l'examen du rouage ou des piéces qui don
nent le mouvement aux guindres, je ferai remarquer ce dont j'ai
déjà parlé; favoir, que les poulies, moyennant des cordes fans fin,
remplacent ici les roues dentées; que les différentes grandeurs de
leurs diametres tiennent lieu des dents ou des aîles qu'auroient des

roues & pignons ; que les tours contemporains de deux ou plusieurs
poulies, menées par une même corde sans fin, sont en raison inverse
de leurs diametres, comme le sont ceux des roues & pignons par
rapport aux nombres de leurs dents ; en un mot, qu'une poulie,
qui, par une même corde, en mene une ou plusieurs autres, engrene avec elles ; & par conséquent la plus petite poulie d'un arbre
en sera la *poulie-pignon* ; la plus grande, la *poulie-roue*.

REMARQUE II.

J'OBSERVERAI en second lieu que ce systême de poulies, aulieu de roues dentées, donne la facilité d'ouvrir sur un même morceau de bois, monté sur un même arbre, plusieurs *poulies-pignons*
de différens diametres ; ces poulies multipliées tiendront lieu chacune d'autant de pignons à nombres différens d'aîles, qu'on pourroit monter successivement sur cet arbre pour engrener avec une
même roue dentée ; on pourra conséquemment changer par-là l'effet
de la machine en accélérant ou retardant la vîtesse de certaines parties relativement à celle des autres. J'appellerai *fusée* la somme de
ces *poulies-pignons* ouvertes dans un même morceau de bois, &
propres chacune à engrener par une corde avec la même *poulie-
roue*.

Cela posé, le mouvement des guindres ne sera pas difficile à
concevoir. Une des *poulies-pignons* de la *fusée*, désignée par le chiffre 1 au haut de la tige du Moulin [*Fig.* 3], engrene par une
même corde avec les deux grandes *poulies-roues* Y, Z ; les arbres
de ces deux-ci portent chacun deux fusées égales [*Fig.* 2, 3 & 8];
une *poulie-pignon* de chacune de ces quatre fusées engrene par une
autre corde sans fin avec la poulie V du guindre au dessus d'elle,
& le fait tourner.

Les passages, positions & marches des cordes, sont très-aisés à entendre fur la machine même ; mais il n'eft pas fi aifé de les faire comprendre en élévation, à caufe de la confufion qu'y font néceffairement les différentes cordes ; cependant fi l'on veut bien me fuivre avec un peu d'attention, j'efpere qu'on les entendra.

Remarquons d'abord que les poulies 3 & 4 [*Fig.* 3], (dont les plans font partie de celui dans lequel font les grandes *poulies-roues* Y, Z), & celle 5 au montant C, ne font ni *poulies-roues* ni *poulies-pignons*, mais fimplement poulies de renvoi des cordes, pour empêcher qu'elles ne gênent les fils de foie qui montent aux guindres, ou qu'elles ne fe mêlent avec eux.

Remarquons en fecond lieu que fi la corde, qui, partant de la tige du Moulin, mene les deux grandes *poulies-roues* Y, Z, étoit pofée fur la *poulie-roue* Y & fa poulie de renvoi 3, de la même façon que fur la *poulie-roue* Z & fa poulie de renvoi 4 ; ces deux *poulies-roues* Y & Z tourneroient du même côté. L'inconvénient ne paroît pas confidérable jufque-là ; mais fuivons.

On eft obligé, pour la facilité du fervice du Moulin, & pour ne pas donner à étudier différentes pofitions de cordes à celui qui le foigne, de pofer uniformément fur leurs poulies les quatre cordes particulieres des quatre guindres : or de cette pofition uniforme d'un côté, & de la rotation des deux poulies Y, Z dans le même fens, de l'autre côté ; il arriveroit que les deux guindres les plus près de la *tige du Moulin* [*Fig.* 2], tourneroient d'un fens, & les deux du derriere du Moulin, d'un autre fens ; ceci feroit tout à la fois défagréable & embarraffant ; pour faire tourner tous les guindres du même fens, & conferver cependant à leurs cordes particulieres les pofitions uniformes fur leurs poulies, il fuffira de faire tourner à fens contraire les deux *poulies-roues* Y & Z ; il fera facile d'y parvenir en obfervant ce qui fuit.

La corde partant de la fufée 1 de la tige du Moulin [*Fig.* 3], fera conduite au-deffous de la poulie Y & dans fa gorge; delà par deffus & dans la gorge de fa poulie de renvoi 3; enfuite au-deffus de la poulie de renvoi 4, & dans le vuide de fa chappe; delà au-deffus & dans la gorge de la *poulie-roue* Z, delà au-deffous & dans la gorge de la poulie du petit *chariot contre - poids* 6; enfuite (par la gorge du côté droit de la poulie Z) au-deffus & dans la gorge de la poulie de renvoi 4; delà (par le vuide de la chappe de la poulie de renvoi 3) fur le haut & dans la gorge de la poulie Y, pour aller delà fe réunir à l'autre brin de la corde dans la fufée 1, & ne former enfemble qu'une feule corde fans fin.

Pour concevoir plus aifément ce que je dirai de la marche des cordes particulieres des guindres, il faut jetter d'abord un coup d'œil fur la Figure 8; on y verra la figure & pofition (du moins en partie) des deux guindres du devant du Moulin. On y verra en même-tems, au-deffous de la *poulie-roue* V de chacun, un petit œuf de bois 7, percé comme un grain de chapelet, enfilé par une branche de fil de fer repliée de part & d'autre, & dont les extrémités, repliées encore, font fichées dans l'épaiffeur de l'ais inférieur de la cage des guindres. Ce petit œuf eft creufé en poulie dans fon milieu, pour recevoir la corde du guindre; il eft non-feulement mobile fur la partie *a b* du fil de fer comme fur fon axe, mais encore le long de cette même partie *a b*. Il eft là pour éviter tout frottement nuifible à la corde dans fa marche, & pour fe prêter à fa direction.

Les marches des cordes particulieres à chaque guindres, font toutes femblables; il fuffira d'expliquer une de ces marches fur la Figure 3 à la droite; mais j'avertis de ne pas confondre la corde du guindre de cette partie avec celle de fon contre poids, ni avec celle dont la marche a été décrite ci-deffus.

REMARQUE.

L A Figure déſigne ici une poſition de corde préciſément contraire à celle qu'elle doit avoir ; on va la décrire telle qu'elle doit être, & telle qu'elle paroît dans la Figure 8, où cette faute ne ſe rencontre pas.

Le brin de la corde qui ſort du derriere de la poulie V [*Fig.* 3] (*a*) , eſt conduit par deſſous , & dans la gorge inférieure d'une *poulie-pignon* de la fuſée 2 ; delà ſur la poulie du petit chariot contre-poids 8 ; enſuite par deſſous & dans la gorge de l'œuf de bois 7 ; delà ſur le devant & dans la gorge de la poulie V, pour ſe réunir là à l'autre brin, & former avec lui la corde ſans fin.

J'obſerve que cette corde eſt un cordon de ſoie de trois quarts de ligne de diametre. Ce cordon eſt bien plus flexible & plus durable qu'une corde de chanvre.

La tenſion de ce cordon eſt entretenue toujours égale par le petit chariot contre - poids 8 , qui joue comme couliſſe ou tiroir dans ſon canal pratiqué dans une traverſe de longueur, laquelle eſt parallele à l'autre traverſe P Q , qui eſt briſée pour laiſſer voir la premiere.

Ce petit chariot eſt tiré horizontalement vers la poulie fixe 9, par le poids 10, dont la corde, après avoir paſſé derriere & ſur la poulie 5, va paſſer par deſſus la poulie fixe 9, pour aller s'attacher au crochet du chariot 8.

Tels ſont les étages des fuſeaux & des guindres : le mouvement eſt communiqué à ces deux parties & à tout ce qui les accompagne par deux ſeules cordes & deux poulies, l'une M, l'autre 1, portées par la tige du Moulin.

(*a*) Et non (comme dans la Figure) celui qui ſort du devant de cette même poulie V.

Le pivot de cette tige de fer tourne dans une crapaudine de cuivre un peu plus groffe, mais femblable à celle qu'on a décrite pour les fufeaux en la note (*b*), pag. 31. Cette crapaudine eft logée de fa hauteur dans le bois de la groffe vis qu'on remarque à cet endroit. Cette vis, qui fert à abaiffer ou exhauffer l'arbre au befoin, engrene dans le milieu d'une traverfe large de deux pouces. Cette traverfe eft cachée dans la Figure 1.ʳᵉ par la poulie M, mais elle porte par fes extrémités chevillées en *a a* (même Fig. 1.ʳᵉ), fur l'étage inférieur des traverfes de cette partie, de la même façon, à-peu-près, que la traverfe W W [*Fig.* 2] porte fur l'étage fupérieur de celles de la même partie. C'eft dans le milieu de la longueur de cette traverfe W W que tourne la partie tourillonnée & fupérieure de la tige, & c'eft par-là qu'elle eft maintenue perpendiculairement.

Cette derniere traverfe n'eft point chevillée ni fixée à demeure fur les autres D F, C E; elle y tient feulement par fes extrémités, terminées en queue d'aronde, & au moyen de deux petites *vis de fer en bois*, épatées ou élargies par la tête pour pouvoir facilement les tourner, ôter la traverfe au befoin & en dégager la tige.

Cette tige [*Fig.* 3], reçoit le mouvement par le rouet de la manivelle à feize dents, qui engrene avec fa lanterne à fept fufeaux. L'arbre de ce rouet eft de fer ; il porte, à l'extrémité oppofée à celle de la manivelle, un tourillon qui tourne dans un petit canon de fer fixé au côté droit d'une traverfe auffi de fer, laquelle n'eft pas vue dans les Figures, mais qui porte par fes extrémités fur l'étage moyen des traverfes de cette partie, de la même façon encore que la traverfe W W [*Fig.* 2]; cet arbre eft maintenu dans une fituation horizontale par fon collet ou gorge du côté de la manivelle [*Fig.* 3]. Ce collet eft reçu dans une petite lunette de cuivre, à-peu-près de même que le collet du mandrin du Tourneur en l'air, eſt reçu dans ſa lunette. Celle-ci eſt logée preſque de ſa hauteur dans l'épaiſſeur d'une traverſe qui ſe trouve, en cet endroit, entre les montans E, F [*Fig.* 1.re *& 2*]; on voit en 12 [*Fig.* 3], que l'épaiſſeur de cette traverſe déborde de ſept à huit lignes celle des mêmes montans E, F.

Je paſſe à l'explication d'une autre partie importante, nommée le *va-&-vient*; & avant de le décrire je dirai un mot ſur ſon uſage & ſon utilité.

A R T I C L E I I I.

Deſcription du Va-&-vient.

I L eſt eſſentiel que les fils de ſoie ne montent pas (comme ils faiſoient dans l'ancien moulinage) toujours aux mêmes endroits des guindres. Les tours amoncelés à ces endroits y formeroient des eſpéces de priſmes triangulaires; enſorte que les derniers tours ſeroient bien plus grands que les premiers. Comme ils arriveroient cependant ſur les guindres avec la même vîteſſe que ces premiers, le tord, répandu ſur une plus grande longueur, y deviendroit moindre que ſur ces mêmes premiers; ainſi la ſoie ſeroit torſe inégalement. Outre cet inconvénient de l'inégalité du tord, il en eſt un autre; lorſque la ſoie en écheveaux paſſe à la teinture ou au luſtrage, on la tord fortement entre deux chevilles ou bâtons : ſi ces écheveaux ſont alors compoſés de tours inégaux, les plus grands ne recevront pas l'action du chevillage, tandis que les plus courts la recevront toute entiere & ſe caſſeront.

Ces inconvéniens font ajouter aux nouveaux Moulins à ſoie une machine particuliere qui ſe nomme le *va-&-vient*, qui donne le mouvement d'allée & venue aux tringles qui portent les boucles dans leſquelles ont fait paſſer les fils de ſoie avant de les conduire ſur les guindres. Ces tringles ſont appellées, à cauſe de cela, les *tringles des guides.* Le mouvement qu'elles reçoivent promene le fil de foie à différens endroits du guindre, enforte qu'il s'y forme des écheveaux plus ou moins larges, fuivant qu'il eft déterminé par les proportions que les piéces particulieres du *va-&-vient* ont entre-elles.

Cette largeur d'écheveaux eft ici déterminée à douze ou treize lignes : les guindres n'y ont pas leur *va-&-vient* particulier ; c'eft, pour ainfi dire, une feule piéce qui fert à tous. Les deux tringles des guides *a b*, *c d* [*Fig.* 2], moyennant la traverfe *e f*, avec laquelle elles font affemblées à vis & écroues, forment une efpéce de chariot mobile dans les entailles pratiquées aux confoles *h h h h* de part & d'autre du moulin. On voit deux de ces confoles en profil dans la Figure 8, & les vuides ou entailles *i* dans lefquelles jouent les tringles.

Dans le milieu de la traverfe *e f* fe trouve une petite vis engrenée dans la traverfe même, à l'endroit *n*. On en voit [*Fig.* 3] le manche *k*. On voit en même tems qu'elle porte à fon extrémité inférieure une pointe *n*, laquelle entre dans les portions de courbe qui font creufées dans le cylindre *l m* placé fous les guindres.

Cette pointe eft un petit clou fur lequel roule un petit cylindre creux de cuivre, comme feroit un grain de chapelet. Il eft retenu en bas par la tête du clou. On conçoit que cette petite conftruction facilite merveilleufement le jeu de la pointe dans la courbe ; puifque c'eft ce petit cylindre, mobile fur le clou comme fur fon axe, qui appuie contre les côtés de la courbe.

Elle eft compofée, cette courbe, de deux demi-pas de vis, dont l'un va en montant, l'autre en defcendant. Les deux demi-pas fe raccordant à deux endroits ; favoir, au haut & au bas du cylindre, forment un angle à chacun des points de leur raccordement : la

pointe, ayant paſſé ſur le ſommet de cet angle, tombe néceſſai-
rement dans l'autre demi-pas de vis qui la fait revenir ſur ſes pas;
c'eſt ce qui opere le mouvement d'allée & venue des tringles qui font
corps avec elle.

Ce mouvement du *va-&-vient* eſt très-uniforme, bien différent,
en cela, de celui des *va-vient* menés par des manivelles, comme ils
font preſque toujours. Ce mouvement eſt imperceptible par la
ſeule grande différence qui ſe trouve entre les diametres des deux
poulies qui le lui donnent.

Ces poulies font celle *o* & celle *q* [*Fi 2*]; celle *o* eſt ouverte
dans l'arbre même du guindre P; elle engrene, par un petit *cordon ſans
fin*, avec la poulie *q* enarbrée au cylindre, & le fait tourner ſur ſes
tourillons de fer, portés par les piliers *r,s* [*Fig.* 3]. Un coup d'œil ſur
la Figure 9 fera comprendre ceci. *o* déſigne l'endroit du montant où
eſt logé le tourillon du guindre, & en même-tems la poulie creuſée
dans ſon arbre. *q* eſt la poulie du cylindre, laquelle engrene avec
la premiere par le cordon ſans fin, aſſorti à l'ordinaire de ſon petit
chariot contre-poids T (*a*).

Je viens à l'explication d'une machine dont le Moulin eſt encore
aſſorti.

ARTICLE IV.

Du Compte-tours.

Au haut de la Figure 3 eſt le cadran d'un petit rouage qui a aſſez
l'air d'une pendule, & que je nomme *compte-tours*. L'aiguille du
cadran ne fait qu'une révolution pendant que le guindre en fait
deux mille quatre cent.

(*a*) Le Deſſinateur a oublié de repréſenter à la droite du montant du milieu L (*Fig.* 3),
le poids du petit chariot T (*Fig.* 9).

Par cette machine on pourra voir à chaque inſtant combien
de tours de ſoie ſeront montés ſur le guindre ; mais elle n'eſt pas
faite ſimplement pour ſatisfaire cette curioſité.

On pourra, par ſon moyen, compoſer les écheveaux d'autant de
tours qu'on voudra. Comme deux mille quatre cent tours ne leur
donnent gueres (ſur la largeur fixée à un pouce) qu'un quart de
ligne d'épaiſſeur, on pourra les fixer à ce nombre de tours : pour
lors (ces tours étant égaux, ſoit en longueur, ſoit en nombre, dans
chaque écheveau), le plus leger de deux écheveaux ſera jugé, avec
ſûreté, être d'une ſoie plus fine que l'autre ; ainſi la comparaiſon ſeule
de leurs différens poids, ſuffira pour faire ſentir ce dont, avec les
yeux les plus perçans, on ne pourroit s'appercevoir ; elle ſuffira
même pour marquer, avec préciſion, les différens degrés de fineſſe
ou groſſeur des ſoies différentes.

Voici tout le méchaniſme de cette machine que l'on entendra
facilement, quoique je n'en aie pas rapporté les deſſeins.

Une corde ſans fin, menée par une petite poulie ouverte dans
l'arbre d'un guindre du devant du Moulin, (ainſi qu'on le voit au
guindre de la droite de la Figure 3), mene un petit cylindre tournant ſur ſes tourillons, appuiés dans les deux planchettes qui forment
la boëte de ce rouage. Elle le mene par une autre petite poulie
ouverte dans le cylindre même. Cette derniere poulie eſt d'un diametre parfaitement égal à celui de la premiere ouverte dans le guindre ; d'où il ſuit que le petit cylindre fait préciſément, & dans le
même tems, autant de révolutions que le guindre même.

Ce petit cylindre porte une dent de fil de fer engrenant dans
une roue qui en a dix, & dont il n'en paſſe qu'une à chaque révolution du cylindre ou du guindre ; enſorte que le dernier fait dix
tours pendant un ſeul de cette premiere roue.

L'arbre de cette roue porte auſſi une dent qui engrene dans une roue de quinze, dont elle ne fait paſſer auſſi qu'une dent à chacune de ſes révolutions ; ce qui fait que le guindre fait cent cinquante tours pendant un ſeul de cette ſeconde roue. Enfin l'arbre de celle-ci porte auſſi une dent qui engrene dans la roue du cadran. Celle-ci porte l'aiguille & a ſeize dents, dont il ne paſſe encore qu'une à chaque révolution de la ſeconde roue ; ce qui fait que le guindre fait *dix multiplié par quinze, multiplié par ſeize*, c'eſt-à-dire, *deux mille quatre cent tours* pendant un ſeul de cette derniere roue, ou de l'aiguille qu'elle porte. Les dents de ces trois petites roues ſont coniques & placées dans les plans des roues.

Lorſque cette aiguille vient à marquer deux mille quatre cent tours, le marteau frappe un coup ſur le timbre ; enſorte qu'on eſt averti par les yeux & par les oreilles que l'écheveau eſt fini.

ARTICLE V.

Développement du ſyſtéme du Moulin.

Pour ne pas diſtraire de l'examen des piéces qui conſtituent la machine, j'ai laiſſé à l'écart les proportions dans leſquelles ſont les diametres des poulies qui conſtituent les rouages des fuſeaux & des guindres, & qui réglent leurs tours contemporains : j'ai paſſé, en un mot, un peu légérement ſur le mechaniſme des fuſeaux & des guindres ; ceci eſt cependant la partie principale, ou pour mieux dire, la partie conſtitutive du Moulin. Le *va-&-vient*, le *compte-tours*, n'en ſont que les acceſſoires. La ſimple deſcription que j'ai donnée des premiers pourroit faire penſer que cette partie principale eſt comme tout ce que j'ai vu en ce genre, c'eſt-à-dire, fait au hazard ; il eſt bon d'y revenir.

Je ne crois pas pouvoir plus aiſément me faire entendre qu'en retraçant fimplement, foit les principes d'où je fuis parti, foit la route que j'ai tenue en conféquence.

L'objet des Moulins à foie étant de la tordre & retordre, *ils* doivent avoir, & ont tous effectivement, une partie qui tord la foie; ce font les fufeaux: ils doivent en avoir une autre deftinée à la tirer & s'en charger au fur & à mefure qu'elle fe tord; ce font les guindres.

En fecond lieu la partie qui tord doit avoir une vîteffe fortement accélérée fur celle de la partie qui reçoit; enforte que la vîteffe de celle-ci foit retardée affez pour qu'elle ne reçoive la foie qu'apres que la premiere lui aura donné le tord convenable (*a*).

Il fuit évidemment, de ce que je viens de dire, que l'effet de la machine ou la vîteffe de l'ouvrage, dépend de celle des fufeaux; puifque c'eft à celle-ci que la vîteffe des guindres doit fe proportionner (*b*).

J'ai cru cependant devoir me borner là deffus, c'eft-à-dire, fur cette vîteffe des fufeaux; foit pour ne pas être obligé d'augmenter la puiffance motrice, foit pour ménager la machine. On fait qu'en méchanique ce qu'on gagne en vîteffe on le perd en force; & réciquement...... on fait auffi qu'une trop grande vîteffe, imprimée aux piéces d'une machine, fait qu'elle fe détraque bientôt.

J'ai donc fait le diametre de la grande poulie M [*Fig.* 3], qui

---

(*a*) Par exemple, fuppofons que le pourtour d'un guindre eft d'un pied de longueur, ou qu'il enleve douze pouces de foie à chaque révolution ; fi l'on veut que l'effet du Moulin foit de donner vingt-cinq points de tord par pouce, il faudra faire enforte que les fufeaux faffent douze fois vingt-cinq, c'eft-à-dire, trois cent tours pendant un feul du guindre; ainfi les nombres des tours contemporains des fufeaux & des guindres, feront dans le rapport de trois cent, à un.

(*b*) Il ne faut pas croire en effet que des grands guindres feront plus d'ouvrage que des petits : c'eft l'erreur de ceux qui n'ont point examiné les chofes d'affez près. Si les guindres enlévent davantage de foie par chaque révolution, il faut que leur vîteffe foit retardée à proportion, & par conféquent que celle de l'ouvrage foit retardée auffi: c'eft donc, on le répète, de la vîteffe des fufeaux que dépend celle de l'ouvage.

mene la corde des fufeaux, feulement quinze fois auffi grand que celui de la petite poulie fixée à l'axe de chaque fufeau. Par-là, à chacun des tours de cette grande poulie, les fufeaux en font quinze; & comme le rouet de la manivelle (qui, ainfi que je l'ai dit, a feize dents & engrene avec la lanterne à fept fufeaux que porte la tige du Moulin), fait faire à cette grande poulie deux tours & deux feptiémes pour un feul de cette manivelle, il arrive que les fufeaux font trente-quatre tours à chaque révolution de cette même manivelle; or on peut, fans la mener fort rapidement, lui faire faire quarante tours par minute; ainfi les fufeaux feront au moins treize cent foixante tours par minute. Cette vîteffe de l'ouvrage m'a paru fuffifante.

Cette partie réglée je fuis venu à la feconde; elle eft la principale des deux; avant tout j'ai remarqué, comme je l'ai dit précédemment, que de l'organfin affez beau, mais qui n'étoit pas le plus fin, n'avoit gueres reçu au fecond apprêt que vingt-deux à vingt-trois points de tord par pouce de longueur de foie; au premier apprêt il m'a paru en avoir reçu encore moins.

Partant de là, j'ai regardé le tord de 22,5 points (*a*) par pouce comme celui qui conviendroit ordinairement, ou plutôt comme un tord moyen entre deux extrêmes dont je parlerai ci-après.

J'ai enfuite réglé le pourtour des guindres, c'eft-à-dire, la longueur du fil de foie dont ils doivent fe charger à chaque révolution; cette longueur eft de douze pouces. Pour parvenir à répartir fur cette longueur le tord moyen dont j'ai parlé; favoir, les 22,5 points de tord par pouce, il falloit faire enforte que les fufeaux

_____

(*a*) Cette expreffion 22,5 fignifie vingt-deux cinq dixiémes; enforte que le chiffre 5 qui eft à la droite de la virgule eft une fraction décimale, & l'on fait que celui qui eft le plus proche de la virgule marque des dixiémes; celui fuivant, toujours vers la droite, marque des centiémes; le troifiéme, des milliémes; le quatriéme, des dix milliémes, &c. enforte qu'il n'y a que les chiffres qui font à la gauche de la virgule qui marquent des nombres entiers.

fiſſent douze fois 22,5 tours, c'eſt-à-dire, deux cent ſoixante-dix révolutions, pendant une ſeule du guindre. C'eſt à quoi je ſuis parvenu par deux ſimples paires de poulies menées chacune des paires par leur corde ſans fin ; & par les rapports de 10 à 81, de 18 à 40, que j'ai mis entre les diametres de ces quatre poulies, dont les deux plus grandes repréſentent deux roues dentées, & les deux plus petites, les pignons qui y engreneroient. La *poulie-pignon*, de dix lignes de diametre, eſt la plus petite de la fuſée marquée 1 au haut de la tige [*Fig.* 3] ; elle engrene avec les deux *poulies-roues* Y & Z, qui ont chacune 81 lignes de diametre.

La ſeconde *poulie-pignon*, de dix-huit lignes de diametre, eſt la poulie du milieu de la fuſée 2 qui engrene avec la *poulie-roue* V de quarante lignes de diametre (*a*).

Si les quatre poulies de 10, 81, 18 & 40 lignes de diametre fuſſent reſtées conſtamment les mêmes, le tord du moulin eut été, comme il l'eſt à bien d'autre, toujours le même. On n'eut gueres pu y mouliner qu'une eſpéce de ſoie ; cependant la plus groſſe n'eſt pas ſuſceptible de 22,5 points de tord par pouce, & la plus fine peut en recevoir davantage.

Pour pouvoir varier les tords ſuivant les différentes eſpéces de ſoie, ou ſuivant les uſages différens auxquels on les deſtine, il m'a ſuffi de rendre variable une de ces quatre poulies ; c'eſt celle marquée 2 [*Fig.* 3], & qui par un cordon de ſoie mene la poulie V

enarbrée

(*a*) J'obſerverai que le diametre d'une poulie eſt augmenté par l'épaiſſeur de la corde qui l'embraſſe, & qu'il l'eſt encore ici par la rondeur de la corde qui l'empêche de pénétrer juſqu'au ſommet de l'angle aigu que forme la gorge de cette poulie, enſorte que le diametre d'une poulie eſt la ligne qui, paſſant par ſon centre, ſe termine, de part & d'autre, à l'axe de la corde qui l'embraſſe. On verra dans la troiſiéme Partie, Chap. I. Art. IV, la méthode de faire uue poulie, de ſorte qu'avec la corde qui doit l'embraſſer, elle n'ait que le diametre qu'on veut lui donner.

enarbrée aux guindres. Cette fufée eft compofée de *onze poulies* de différens diametres , pour donner *onze tords différens* , felon le diametre de la poulie dans laquelle on placera le cordon de foie : voici la compofition ou conftruction de cette fufée.

La poulie qui eft au milieu étant fuppofée de 18 lignes de dia-metre & donnant le tord moyen de 22,5 points par pouce, celle qui aura un diametre double de 18 lignes, ne donnera que la moitié du tord de 22,5 , c'eft-à-dire, que celui de 11,25 par pouce ; & au contraire celle qui n'aura que la moitié de 18 lignes donnera un tord double, c'eft-à-dire, celui de 45 points par pouce.

Ayant, avec la poulie moyenne de 18 lignes de diametre , ces deux poulies extrêmes, l'une de 36 lignes, l'autre de 9, auffi de diametre; pour avoir les intermédiaires , j'ai pris , entre 18 & 36, quatre moyens proportionnels arithmétiques ; & entre 18 & 9, quatre au-tres. J'ai fait les cinq poulies de part & d'autre de la moyenne, enforte que leurs diametres font les termes des deux progreffions arithmétiques dont je viens de parler, & j'ai rendu par-là cette fufée propre à varier les tords & à en donner onze différens en defcen-dant du fort au foible, c'eft-à-dire, de 45 points par pouce à onze un quart.

REMARQUE.

ON voit qu'il n'eft pas bien difficile de déduire de tout ce que je viens de dire une méthode de compofition d'un Moulin de l'efpéce de celui-ci & de telle grandeur qu'on voudra ; l'application de cette méthode à la conftruction d'un Moulin à deux vargues & d'une grandeur moyenne, fera l'objet de la troifiéme Partie : les détails, foit de théorie, foit de pratique, qui ne feroient pas fuffifans ici. pour ceux qui voudroient en venir à l'exécution de ce Moulin à deux vargues, fe trouveront là.

II. Part.   G

CHAPITRE II.

Usages du Moulin.

ARTICLE PREMIER.

Maniere de s'en servir pour donner le premier apprêt à la Soie destinée à être organsinée.

POUR donner le premier apprêt, on porte sur les fuseaux les bobines chargées de soie à un seul brin. On attache ensuite les fils des six bobines qui correspondent à chaque guindre, à une des lames de ce guindre, après cependant qu'on les a fait passer chacun dans les deux boucles de sa couronnelle & dans une de la tringle des guides.

2.° On place les cordons de soie, qui menent les guindres, chacun sur la poulie moyenne de la fusée 2 [*Fig.* 3], qui est au bas de chaque guindre. Les quatre cordons étant placés chacun sur la poulie du milieu de la fusée, toute la soie du Moulin recevra vingt-deux points & demi de tord par pouce. Si l'on veut qu'elle en reçoive un plus fort, on placera les cordons sur une poulie inférieure à la moyenne : si c'est un plus foible qu'on desire, on les placera sur une supérieure à cette même moyenne. Si l'on vouloit que la soie que doit recevoir un guindre, reçut un tord plus fort ou plus foible que celui de celle qui monteroit sur les autres guindres, on voit ce qu'il faudroit faire pour y parvenir, & que rien ne seroit si facile.

3.° On tourne l'aiguille du cadran du *compte-tours* comme l'on tourne l'aiguille d'une montre pour la mettre sur l'heure actuelle en la montant, c'eſt-à-dire, qu'on la tourne dans le ſens auquel ſon rouage la meut ; on la place ſur le point de 2400, enſuite on fait travailler le Moulin juſqu'à ce que l'aiguille ait fait un tour, & que le marteau ait frappé un coup ſur le timbre ; ceci marquera que les écheveaux qui ſe feront formés ſur les guindres, ſeront compoſés chacun de 2400 tours de ſoie.

ARTICLE II.

Préparer la Soie qui a reçu le premier apprêt à recevoir le ſecond.

ON porte enſuite, & ſucceſſivement les guindres avec la ſoie dont il ſont chargés, ſur des eſpéces de poupées ou piliers montés ſur une planchette : un ou deux guindres placés ſur ces poupées, & y étant mobiles préciſément de la même ſorte que lorſqu'ils ſont ſur le Moulin, on aſſemble les fils de deux ou trois écheveaux d'un même guindre, ſelon que l'on veut faire de l'organſin à deux ou trois *bouts* ; & l'on charge de ce fil double ou triple, une nouvelle bobine montée à l'ordinaire ſur le petit inſtrument nommé *eſcaladou.*

ARTICLE III.

Donner le ſecond apprêt.

ON recommence à travailler de la ſoie au premier apprêt, juſqu'à ce qu'on ait environ trente bobines chargées ſuffiſamment de ſoie à fil double ou triple, qui ait reçu ce même premier apprêt : quand on les a, on les porte ſur les fuſeaux du Moulin, & le reſte ſe fait comme au premier apprêt ; à la différence cependant que, comme les fuſeaux doivent tourner à contre-ſens de ce qu'ils faiſoient au premier apprêt, 1.° les baſes des bobines qui étoient en haut à ce premier, doivent être en bas à celui-ci. 2.° Que la corde ſans fin des fuſeaux doit être décroiſée ſi elle étoit croiſée au premier apprêt ; & réciproquement......

On voit dans la Figure 3 que ce croisement ou décroisement se fait, pour ainsi dire, d'un coup de main. On souleve la tige du Moulin pour laisser passer la corde par dessous, la croiser ou décroiser, & la remplacer sur la poulie M.

ARTICLE IV.

Mouliner du poil de soie, faire de la trame, de la soie ovalée, &c.

Ce que je viens de dire me dispense de détailler ce qu'il faut faire pour mouliner sur cette machine ce que l'on nomme *poil de soie*, pour faire de la *trame*, & de la soie qu'on nomme *ovalée*; c'est-à-dire, celle dont le fil qui garnit les bobines des fuseaux, est composé de sept à huit brins de soie, que l'on tord ensemble légérement.

J'observerai seulement que, comme à quelqu'unes de ces espéces de soie, le tord le plus leger du moulin, celui de onze un quart par pouce, seroit peut-être encore trop fort; pour l'amoindrir, au-lieu d'une simple poulie de 10 lignes de diametre à la tige du Moulin, j'y ai mis une fusée composée de trois poulies; une de 10 lignes, une de 15 & une de 20 lignes; & l'on conçoit qu'en plaçant la corde des guindres, qui va à cette tige, sur une de ces deux dernieres poulies, le tord, quelqu'il soit d'ailleurs, sera diminué fortement: il ne sera plus que les deux tiers de ce qu'il étoit, si l'on place cette corde sur la poulie de 15 lignes; il n'en sera plus que la moitié, si on la met sur celle de 20 lignes.

CHAPITRE III.

La réſolution du problême qu'on s'étoit propoſé, ſe déduit du ſyſtême de la compoſition & conſtruction du Moulin.

DE ces détails ſur la machine & du ſyſtême de ſa compoſition, ſe déduira, ſans beaucoup de difficulté, la ſolution du problême que je m'étois propoſé (*a*).

Il étoit de compoſer une machine qui pût tenir lieu des deux dont on s'eſt ſervi juſqu'à préſent pour l'organſinage. 2.º De faire enſorte cependant qu'elle fut auſſi ſimple & moins diſpendieuſe encore qu'une des deux. 3.º Qu'elle fut exempte des défauts qu'on leur reproche. 4.º Qu'elle eut même ſur elles quelques avantages.

ARTICLE PREMIER.

Ce Moulin peut ſervir ſeul à organſiner.

J'OBSERVERAI d'abord que la réſolution de la premiere partie de ce problême eſt une conſéquence évidente de ce qui vient d'être dit au Chapitre précédent ; en effet j'y ai déſigné la façon de ſe ſervir de ce Moulin pour donner le premier & le ſecond apprêt de l'organſin, pour faire de la trame, &c. Il peut donc ſervir ſeul à organſiner ; il peut ſervir ſeul à toutes les opérations du tord de la ſoie.

(*a*) Voyez le Diſcours préliminaire.

A R T I C L E I I.

La Machine eft moins difpendieufe que l'une des deux dont on s'eft fervi.

La réfolution de la feconde partie fe préfentera d'elle-même à ceux qui voudront bien faire attention qu'en mettant à part les *va-&-vient* & *compte-tours* (machines particulieres auffi peu difpendieu-fes qu'elles peuvent être, quoique régulieres), le rouage de la ma-chine confifte en trois paires de poulies ; favoir, une paire pour les fufeaux & deux pour les guindres.

Lorfqu'il s'agira de l'exécuter en grand, il faudra, à la vérité, une paire de poulies de plus, comme on le dira dans la fuite ; mais qu'eft-ce que la dépenfe de toutes ces poulies menées par des cor-des fans fin, afforties de contre-poids, en comparaifon d'une ma-chine dont le rouage confifteroit en roues dentées ; & en roues den-tées encore, affez parfaites pour fe conduire les unes & les autres auffi uniformément que les poulies fe conduifent ici par de petites cordes fans fin ? Celles-ci font l'ouvrage, toujours à bon compte, du fimple Tourneur qui fe trouve par-tout ; celles-là, fi elles étoient telles qu'on vient de le dire, elles feroient celui de l'Horloger, ou du Tourneur très-inftruit & bon Méchanicien.

Oppoferoit-on à cette efpéce d'engrenage de deux ou de plufieurs poulies par une corde, & que j'emploie ici, quoiqu'il ne paroiffe pas qu'on ait penfé à en faire ufage, du moins dans les Moulins à foie, lui oppoferoit-on, dis-je, l'inconvénient des variations des cordes, fuivant celles de la féchereffe ou de l'humidité de l'atmof-phere ? Il eft vrai que ceci l'empêcheroit probablement d'être d'u-fage dans des machines deftinées à fervir aux opérations aftrono-miques, & à marquer le tems avec la plus grande précifion ; mais il s'agit ici d'une machine de filature : Eh ! fi les variations de l'atmofphere, fe faifant fentir aux petites cordes d'un Moulin à foie, venoient à occafionner, fur le fil de l'après-midi, un point de tord, peut-être, de plus par toife que fur celui du matin ; y auroit-il à crier à l'inconvénient ? Le Manufacturier le plus difficile, avec les yeux les plus perçans & le meilleur même des microfcopes, s'en appercevroit-il ? Quand il feroit poffible qu'il le fit, croiroit-il que cela put mériter fon attention ? Les bandes de cuir aux ftraffins des Moulins de Piémont font affurément fujettes auffi aux variations de l'atmofphere ; il ne s'agit pas-là d'un point ou deux de plus ou moins par toife de fil : les ftraffins qui font en tout tems pirouetter les fufeaux inégalement, qui font faire à l'un cent tours pendant que l'autre qui eft à côté n'en fait, peut-être, pas cinquante ; les feront-ils tourner également lorfque l'atmofphere variera en féchereffe ou humidité ? Cependant rien de tout cela, on le fait, n'a empêché nos Manufacturiers de rechercher & de payer bien cher l'organfin de Piémont.

Cette minutie d'un point ou deux de tord de plus ou moins par toife, & dont l'on fuppofe peut-être encore mal-à-propos l'exiftence, puifque la tenfion de la corde entretenue toujours égale par une puiffance conftante, par le contre-poids, s'oppofe probablement à cette même exiftence & la rend imaginaire ; cette minutie, dis-je, peut-elle être mife dans la balance avec l'utilité dont eft ici l'engrenage des poulies par des cordes fans fin, avec l'utilité dont il a été pour l'exécution très-réguliere, & cependant à fi peu de frais, d'une machine dont le haut prix feul pouvoit faire perdre de vue, pouvoit anéantir un établiffement avantageux à une Province (*a*) ? Pourroit-elle enfin être mife en parallele avec les avantages que je

---

(*a*) Voyez le Difcours préliminaire.

trouve à cet engrenage fur celui des roues dentées? Pour perfuader de la négative, qu'il me foit permis d'en rappeller ici quelques-uns.

Il m'a paru, 1.° convenir à une machine de filature, & très-propre à en mener les piéces qui doivent-être legeres, & avoir par-là de l'analogie avec la matiere même qui y eft à travailler. 2.° Il produira fes effets auffi exactement que l'engrenage ordinaire, lorfque l'ouvrier aura eu l'attention, en travaillant les poulies, de les faire des dimenfions & proportions convenables, & lorfqu'il aura eu celle particuliere de les ouvrir toutes avec le même outil (*a*). 3.° Il eft infiniment plus doux que l'engrenage des roues dentées, & il n'y a pas-la d'arboutemens, ni de mouvemens par fecouffes comme on voit aux Moulins à foie ordinaires. Ce mouvement y eft au contraire très-uniforme; il fe communique fans frottement & par le fimple attouchement de la corde; enforte qu'il eft, peu s'en faut, l'engrenage à dents infiniment petites (*b*), qui fert de terme de comparaifon & de principe à M. Le Camus dans fa Statique, pour la meilleure figure à donner aux dents des roues. 4.° Il donne la facilité de faire engrener deux piéces l'une avec l'autre, à quelque diftance qu'elles foient l'une de l'autre, & dans quelque fituation qu'elles fe trouvent l'une à l'égard de l'autre. 5.° Il difpenfe du déplacement ou remplacement de pignons pour changer l'effet de la machine: des poulies ouvertes fur un même morceau de bois, de tels diametres qu'on

voudra,

(*a*) La façon de travailler ces poulies fera l'objet de l'Art. IV. Chap. I. de la troifiéme Partie.

(*b*) Il n'y a que la réfiftance des cordes à fe courber qui puiffe l'empêcher d'être regardé comme l'engrenage à dents infiniment petites; or il faut que cette réfiftance foit bien peu de chofe à l'égard du Moulin dont il s'agit, puifque cette même réfiftance, jointe à toutes les autres & à tout ce qui peut occafionner des frottemens dans la machine, n'empêche pas qu'une force, de trois livres au plus, ne la mette en mouvement. Le Moulin s'agrandiffant, cette réfiftance des cordes à fe courber, loin d'augmenter, diminuera; car la courbure des arcs, fuivant lefquels elles embrafferont leurs poulies, fera prefque d'autant moindre que le diametre du Moulin fera plus grand.

voudra, & en auffi grand nombre qu'il plaira de les avoir, tiendront lieu chacune d'autant de pignons différens qui feroient, tous & toujours, montés fur la machine, fans l'embarraffer.

Je paffe à la troifiéme partie de ce problême.

ARTICLE III.

Le Moulin eft exempt des défauts reprochés aux anciens.

QUOIQU'IL foit deftiné à fervir aux deux apprêts des foies, il n'a cependant gueres d'analogie avec celui monté de fufeaux & de bobines, qui eft celui du premier apprêt. Cet article a fon importance ; puifque par-là j'ai évité les inconvéniens & imperfections de cet ancien Moulin.

Il a plus de reffemblance avec ceux qui font garnis de fufeaux & de guindres, & qui fervent au fecond apprêt ; voyons s'il en a les défauts.

Parmi les défauts de ces feconds Moulins (*a*), on en diftingue quatre ; le premier, eft d'avoir les pivots de leurs fufeaux tournans dans des crapaudines de verre, & leurs collets dans des efpéces de fourchettes de bois. Le verre s'ufe & fe brife en petits éclats, qui donnent bientôt un autre centre aux pivots ; les changemens auxquels le bois eft affujetti, font que les fufeaux ne fe maintiennent pas long-tems dans leur à-plomb.

Le fecond inconvénient vient de la courroie large qui embraffe les fufeaux par le bas, & leur donne le mouvement ; elle n'appuie pas également fur tous, elle les fait par conféquent tourner inégalement ; l'inégalité du tord de la foie en eft une fuite néceffaire.

(*a*) Voyez le Mémoire, cité plufieurs fois, de M. de Vaucanfon.

II. Part. H

Le troifiéme vient de la boucle immuable par laquelle le fil eft conduit fur le guindre, enforte qu'il s'y amaffe toujours au même endroit. Avant la defcription du *va-&-vient*, j'ai parlé des mauvais effets qui réfultoient de là ; je n'en répéterai rien ici (*a*).

Enfin le quatriéme vient de qu'on nomme la *capieure* ; je dirai une feconde fois ce que c'eft. Lorfque l'ouvrier juge que les éche-veaux font affez gros, il caffe les fils, les lie autour, & fait enfuite gliffer de force ces mêmes écheveaux fur les endroits vuides du guindre, pour faire place aux autres qui vont fe former, & qui ne peuvent fe placer que vis-à-vis les boucles immuables, & aux mê-mes endroits que les autres occupoient. Ces écheveaux ne peuvent ainfi fe tranfporter que bien des fils n'en fouffrent, que plufieurs ne fe déchirent, ne fe caffent ; voilà les défauts reprochés aux anciens Moulins ; voyons celui-ci.

D'abord, comme on l'a vu dans la defcription, les fufeaux ne tournent pas dans des crapaudines de verre, ni leurs collets fur le bois ; ils ont leur centre exactement fur une même circonférence, & ils y font maintenus perpendiculairement par leurs pivots tour-nans dans des crapaudines de cuivre, & par leurs collets reçus dans des lunettes auffi de cuivre ; les uns font aux autres exactement affortis par le Tourneur ; ainfi le premier des quatre défauts n'y paroît pas.

2.° Ce n'eft point une courroie large qui leur donne le mouve-ment, c'eft une fimple corde, qui entre dans la poulie fixée à l'axe de chacun des fufeaux. Ces poulies font toutes exactement du même diametre, & leurs gorges forment chacune le même angle aigu ; enforte que la corde, qui entre dans toutes à égale profondeur, & qui les embraffe fuivant un arc conftant, néceffite tous les fufeaux à

_____

(*a*) Voyez la page 41 ci-deffus.

fuivre exactement fon mouvement, & à faire les mêmes nombres de révolutions dans des tems égaux.

3.° Les boucles des tringles des guides ne font point ici immobiles; auffi les écheveaux ont de la largeur : elle eft de douze a treize lignes. Cette largeur leur eft donnée par le *va-&-vient* dont on a donné la defcription ; & fur cette largeur, l'épaiffeur de l'écheveau, compofé même de deux mille quatre cent tours de foie, eft au plus d'un quart de ligne. On penfe bien que ce quart de ligne eft trop peu de chofe pour pouvoir nuire à l'égalité du tord de la foie.

4.° Enfin tous les écheveaux, dont un guindre peut fe garnir, fe forment à la fois, puifque chacun des fufeaux ayant formé & fourni fur le guindre fon écheveau, de la largeur qui vient d'être dite, il ne refte plus entre-eux de terrein vuide pour en placer d'autres : il ne refte que celui qu'il faut pour paffer les doigts, lier les écheveaux & les ôter du guindre. Il n'y a donc pas de capieure à faire, c'eft-à-dire , de tranflation, violente & nuifible, de l'écheveau d'un endroit du guindre à l'autre. Ceci eft une fuite d'un des avantages de ce Moulin fur les autres, defquels avantages il va être queftion.

ARTICLE IV.

Quelques avantages de ce Moulin fur les anciens.

So n premier eft de fervir feul à tous les apprêts des foies.

Il eft à préfumer que ce point fera de quelque confidération, du moins dans les parties où l'on commence à faire quelques récoltes de foie , & où communément on aime d'être difpenfé de la dépenfe & de l'embarras de plufieurs machines : d'ailleurs la fimplicité

en méchanique eſt toujours quelque choſe : cet objet devient conſidérable lors qu'il ménage la bourſe du cultivateur.

Le ſecond avantage vient de ce que le rang des fuſeaux en com-
prend préciſément le double de ce qu'il s'en trouve ordinairement.
On ſait que communément on les place à ſix pouces les uns des
autres ; or une diminution conſidérable, apportée à la groſſeur &
peſanteur inutiles des anciennes bobines, a donné la facilité de les
mettre ſeulement à trois pouces. Indépendemment des *capieures*, dont
on eſt diſpenſé par-là, ainſi qu'il vient d'être remarqué, il eſt évident que ſi cela n'étoit pas, chaque rang de fuſeaux exigeant ſon
étage de guindres, il faudroit ici deux rangs de fuſeaux & deux
de guindres, alternativement les uns au-deſſus des autres ; ainſi la
machine, pour produire uniquement le même effet, ſeroit double
en hauteur, en conſtruction & en dépenſe. Ajoutez à cela qu'il faudroit augmenter la puiſſance motrice ; & que les objets d'attention
de la perſonne qui ſoigne le Moulin, ſeroient doublés : voici le troiſiéme avantage.

Un bon Auteur aſſure qu'aux autres Moulins il faut changer
ſoixante-douze pignons pour changer l'apprêt, & tordre plus ou moins
la ſoie : ici il n'y a aucune piéce à changer ni à remplacer ; il n'y
en a même aucune de réſerve. Si l'on jette un coup d'œil ſur la
Figure 8, on verra qu'il n'eſt queſtion que de paſſer le cordon de
chaque guindre dans une autre poulie de la fuſée ; ſavoir, dans une
plus petite, ſi l'on veut augmenter le tord ; dans une plus grande, ſi
l'on veut le diminuer : la facilité & la promptitude de cette opération ſont ſenſibles.

J'ai appris que dans quelques endroits on étoit dans l'uſage de
préſenter, à la vapeur de l'eau bouillante, les bobines chargées de
ſoie qui a reçu le premier apprêt ; cela ſe fait ſans doute dans la

vue de fixer le tord. Si cet usage étoit essentiel (ce que je n'assurerai pas), il me feroit trouver un quatriéme avantage au Moulin dont il s'agit, sur les autres ; car, à ces derniers, la soie qui se tord est toujours reçue sur des bobines au premier apprêt ; or il est bien difficile, pour ne pas dire impossible, que la vapeur de l'eau pénétre jusqu'à la soie qui touche le bois d'une bobine massive, telles qu'elles sont toutes. Si elle y pénétre (ce qu'on aura sans doute très-grande peine à croire), elle le fait inégalement, c'est-à-dire, que la surface extérieure de la bobine sera noyée, avant que l'intérieur puisse participer un peu à cette humidité : au contraire la soie du premier apprêt, montant ici sur des guindres, & ces guindres étant à jour, la vapeur frappera tout à la fois, de toute part & sur toutes les faces, les échevaux dont ils seront chargés.

ARTICLE V.

Réponse à une objection faite sur la forme quarrée des guindres.

POUR ne pas être accusé de ne montrer les choses que par les beaux côtés, & de cacher ou dissimuler les autres, je rapporterai ici une objection qui m'a été faite contre la forme quarrée des guindres. On a prétendu que pour être plus parfaits ils devoient être cylindriques. Il est évident que cette objection ne regarde pas plus le Moulin dont il s'agit, que tous ceux du second apprêt qui ont existé, & qui existent encore à présent : on sait qu'ils sont tous montés de fuseaux, & de guindres faits en forme de chevalets, à-peuprès comme ceux de celui-ci ; la réponse leur sera donc commune. J'observerai que l'objection mérite d'autant plus d'être approfondie qu'elle m'a été faite par un habile homme ; la voici.

Les guindres sont, me disoit-il, tous plus ou moins longs, plus ou moins larges, les uns que les autres dans les différens Moulins ; mais ils font tous compofés de quatres lames, ce qui donne néceffairement la forme quarrée aux écheveaux qu'ils reçoivent. Il fuit de cette forme, qu'encore que les guindres fe meuvent circulairement, ce qu'ils reçoivent, à chaque révolution, n'eft pas un brin de foie égal à la circonférence du cercle que les lames décrivent ; mais il eft égal à la fomme des côtés du quarré, dont les lames du guindre forment les angles ; ainfi ce quarré eft infcrit au cercle décrit par les lames. J'approuve donc continuoit-il, votre méthode de faire mouvoir les guindres, auffi bien que le reftant de votre Moulin, par des cordes fans fin ; indépendamment de ce que rien n'eft fi fimple, rien n'eft fi propre encore à procurer à ces guindres un mouvement uniforme, & à faire difparoître ce mouvement, par fecouffes, qu'on voit à tous les autres, parce qu'ils font mus par des roues dentées très - imparfaites.

Malgré cela, pendant que vos guindres tournent uniformément, ils ne tirent pas la foie uniformément : elle eft tirée par la lame du guindre, qui, en montant, rencontre le fil, ou fi l'on veut (& en fuppofant le guindre coupé à l'endroit d'un écheveau par un plan perpendiculaire à fon axe), le fil eft tiré fucceffivement par les angles d'une efpéce de plan quarré mobile, & tournant uniformément fur fon centre ; ce que chacun de ces angles en tire fe range fur un des côtés du quarré, & devient égal à ce même côté.

Cela pofé, il eft certain que la lame qui commencera à tirer le fil, en tirera davantage qu'elle ne fera dans les inftans fuivans, & que ce tirage ira toujours en décroiffant, jufqu'à ce que la lame, ou le fecond angle commencera à tirer ; pour lors celui-ci en tirera plus auffi au commencement que dans les inftans fuivans ; ainfi de fuite.

La conféquence de ceci eft, qu'encore que les fufeaux faffent un même nombre de tours dans le même tems, les guindres, dans ce

même tems, ne tirent pas des parties égales de fil : cela n'opere-t-il
pas une inégalité de tord ?

Rép. Pour fentir toute la valeur de l'objection, examinons de
près ce qui fe fait, & voyons fi de. cet examen il nous fera poffible
de déduire une réponfe fatisfaifante.

Lorfqu'une lame du guindre, en tournant, devient horizontale,
elle touche le fil de foie en un point. En montant elle le tire par
ce point ; & elle le tire jufqu'à ce qu'elle ait décrit un quart de circonférence : pour lors une autre lame furvient qui le tire par un autre point : dans ce moment même la partie de foie, tirée par la
premiere lame, fe couche fur le guindre, & devient un des côtés
du quarré infcrit au cercle, dont les lames du guindre décrivent la
circonférence. Suppofons que ce côté du quarré foit de trois pouces de longueur, comme il eft au Moulin dont il s'agit, où les guindres ont douze pouces de pourtour, & revenons fur nos pas.

Lorfque la premiere lame décrit fon quart de circonférence, elle
ne touche le fil qu'en un point, par lequel elle le tire ; toutes les
autres parties du fil, pendant qu'elle tire, reftent en l'air, & ne touchent à rien ; enforte que fi l'on fait bien attention à ce qui fe fait
là, on remarquera que dans le tems que la lame a décrit un petit-
arc de fon cercle, elle a tiré du fufeau un fil égal en longueur à la
corde de cet arc. Cette partie qu'elle a tirée, & qui eft égale à la
corde de l'arc qu'elle a décrit, augmente de longueur à fur & à
mefure que l'arc, décrit par la lame, augmente de grandeur ; enforte
que, pendant le mouvement, le fil tiré devient toujours égal à la
corde de l'arc qu'a décrit la lame, & cela jufqu'à ce que l'arc étant
devenu un quart de circonférence, la corde eft devenue celle de
l'arc de 90 degrés, c'eft-à-dire, le côté du quarré infcrit au cercle

dont la lame vient de décrire le quart de circonférence ; pour lors
trois pouces de soie se couchent sur le guindre.

Comme les cordes des arcs ne sont pas proportionnelles à leurs arcs,
mais seulement aux sinus des moitiés des arcs dont elles sont les cordes ;
comme, d'un autre côté, les sinus des arcs croissent & décroissent
dans un moindre rapport que leurs arcs (*a*) ; il s'ensuit que la lame
du guindre, qui a tiré des parties de soie proportionnelles aux sinus
des moitiés des arcs qu'elle a décrits, ne les a pas tirées uniformément ;
c'est-à-dire n'en a pas tiré des parties égales en tems égaux. Il suit
au contraire que des trois pouces qu'elle a tirés pendant la description du quart de circonférence, elle en a tiré plus au premier instant
qu'au second ; & plus encore au second qu'au troisiéme.

Aussi par un calcul fondé sur cette théorie, & en divisant le quart
de circonférence ci-dessus en trois arcs égaux de trente degrés chacun, j'ai trouvé qu'après la description du premier arc, la partie de
soie tirée étoit d'environ 13,2 lignes ; qu'après celle du second, la
partie tirée étoit de 25,6 lignes ; & qu'enfin, après celle du troisiéme, elle étoit de trois pouces ; ensorte qu'en examinant ce que
la lame a tiré en particulier pendant chacun de ces trois tems égaux,
il se trouve que, pendant le premier, elle a tiré 13,2 lignes ; pendant
le second, 12,4 lignes ; & pendant le troisiéme, 10,4 lignes : c'est
quatre cinquiémes de lignes de plus dans le premier que dans le second ; & deux lignes de plus dans le second que dans le troisiéme.

Maintenant pour voir si cette inégalité, du tirage de la soie par
la lame, nuit à l'égalité de tord sur les trois pouces qu'elle a tirés ;
faisons réflexion que ce n'est point dans un seul instant, & à la
fois,

(*a*) Voyez les Elémens de Géométrie de M. Le Camus, N.° 536.

fois, que la lame a tiré, par exemple, quatre cinquiémes de ligne de plus en décrivant le premier arc, qu'en décrivant le fecond; ces quatre cinquiémes fe divifent & fe répartiffent (toujours inégalement, à la vérité, & fuivant les décroiffemens fucceffifs dont j'ai parlé), à tous les inftans égaux employés à décrire le premier arc de 30 degrés.

Il en a été de même des deux lignes qu'elle a tirées de plus, pendant la defcription du fecond arc de 30 degrés, que pendant celle du troifiéme.

Faifons réflexion, en fecond lieu, que pendant tout le tirage des trois pouces de foie, la lame ne tiroit le fil que par un point, & que toutes les autres parties du fil étoient libres, en l'air, & ne touchoient à rien. Comparons à ces deux articles la rapidité & la force avec lefquelles le tord fe communique dans les parties même extrêmes, & les plus hautes du fil, lorfque rien ne l'en empêche; nous conclurons fûrement de cette comparaifon, que les petites inégalités du tirage de la foie laiffée libre & en l'air, n'ont pas été capables d'empêcher le tord de fe répandre uniformément. Nous en conclurons que la feconde partie, par exemple, tirée pendant le fecond inftant, a eu tout le tems de rendre à la premiere, la portion de tord qu'elle avoit de furplus, & qui appartenoit à cette premiere; ainfi de la troifiéme à la feconde, puifque rien ne l'en a empêché : je veux dire que rien n'a empêché que le nombre fixe de révolutions qu'a fait le fufeau pendant chaque tirage de trois pouces de foie par le guindre, ne fe répandit uniformément fur ces trois pouces, cela eft évident; il s'y eft donc répandu uniformément; ainfi le guindre quarré ou à quatre lames, ne nuit pas à l'égalité du tord de la foie.

Il fuit de là qu'il mérite la préférence fur le guindre qui feroit cylindrique; car il eft plus aifé à conftruire que ce dernier: il eft d'ailleurs plus commode & fe prête plus aifément, que le cylindrique, aux opérations manuelles qui doivent accompagner & fuivre le moulinage de la foie.

Fin de la feconde Partie.

TROISIÉME PARTIE.

EXÉCUTION DÉTAILLÉE ET RAISONNÉE DU MOULIN EN GRAND.

CHAPITRE PREMIER.

Syſtéme de grandeur du Moulin, calcul des diametres des poulies qui lui conviennent, maniere de conſtruire ces poulies enſorte qu'avec les cordes qui doivent les mener, elle n'aient que les diametres qu'elles doivent avoir.

INTRODUCTION.

JE n'entends pas par exécution du Moulin en grand, la conſtruction d'une ſeule grande machine à vargues extrêmement larges, & multipliés les uns ſur les autres. La tour haute & large qu'il faudroit pour loger une telle machine, les eſcaliers & les trotoirs à établir, pour la ſoigner, ſeroient d'une grande dépenſe ; & d'ailleurs, lorſque quelques parties viendroient à être dérangées au point de ne pouvoir être rétablies ſans arrêter le Moulin, le chommage, ſans être long, occaſionneroit des retards d'ouvrage, & des pertes qui deviendroient d'autant plus conſidérables, que la machine étant en mouvement, devroit produire plus d'effet.

J'aimerois mieux, ſoit pour la facilité du travail, ſoit pour ne pas

faire des pertes si considérables de tems & d'ouvrages, avoir plusieurs machines d'un volume moyen, qui fissent ensemble l'effet de
la grande, que d'avoir la grande seule.   Au moyen de mes cordes
sans fin & des poulies qui tiennent lieu de rouage, on conçoit que je
ne serois pas en peine, par une seule tige mue par l'eau ou autrement, de mettre en mouvement vingt ou trente Moulins de cette
espéce. Ils pourroient être rangés à volonté, au rez-de-chaussée &
à l'étage d'un bâtiment voisin de la tige principale ; le mouvement
communiqué par des cordes sans fin, aussi longues & aussi courtes
que l'on voudroit, donneroit à cet égard des facilités que l'on n'auroit pas par des rouages ordinaires. On auroit entr'autres celle de pouvoir arrêter à l'instant celui des Moulins auquel il y auroit quelque
chose à rétablir, & cela sans que le mouvement d'aucun des autres
en fut arrêté ou retardé. Il ne s'agiroit pour cela que d'ôter la
corde, qui lui communiqueroit le mouvement, de dessus la poulie
du petit chariot qui feroit contre-poids à cette corde ; en la re-
mettant sur la même poulie, on lui rendroit le mouvement à l'instant (*a*).

Ceci (trop clair pour ne pas être entendu de tout le monde),
une fois posé, je dirai qu'encore qu'il sorte de ce que j'ai détaillé
dans la seconde Partie, une méthode pour composer un Moulin de
tel volume que l'on voudra , je n'en ferai cependant l'application
qu'à un d'une grandeur moyenne, & tel, à peu près, que pourroit être
chacun des vingt ou trente dont je viens de parler ; je passe au
détail.

(*a*) Le plateau inférieur de la lanterne, (à la tige du Moulin *Fig.* 3), qui est fait en
poulie marquée 14, est un exemple de ceci. Pendant tout l'Automne de 1765 , ce petit Moulin étoit placé à côté d'un grand: la tige de celui-ci portoit une poulie, qui , engrenant avec
cette poulie 14, par une corde sans fin assortie de son contre-poids, lui communiquoit le
mouvement: & l'on ne se servoit de la manivelle de celui-ci , que pour toujours y faire de
l'ouvrage, pendant que le grand étoit arrêté.

ARTICLE PREMIER.

Syſtéme de grandeur du Moulin.

I. S I l'on régle ce que j'ai appellé *la roue ou la cage des fuſeaux*, à *ſix pieds ſix pouces* de diametre, pour mettre les fuſeaux ſur une circonférence de *ſix pieds quatre pouces*, auſſi de diametre ; ils pourront y être à trois pouces les uns des autres, au nombre de *ſoixante-ſeize* (*a*). Si l'on donne à ce Moulin *ſept pieds & demi* de hauteur, il poura être compoſé de deux vargues, leſquels feront ſoignés preſque de plein pied, en tout cas avec une marchette portative : il ſe fera ſur les deux vargues le double de *ſoixante-ſeize*, c'eſt-à-dire, *cent cinquante-deux écheveaux* à la fois. Il s'en formera conſequemment *dix-neuf* ſur chaque guindre, puiſque les guindres feront, comme au Moulin décrit ci-deſſus, au nombre de quatre dans chacun des vargues.

II. Il eſt à obſerver que là manivelle de ce Moulin ne pourra pas être menée avec la même rapidité que celle du petit que l'on a décrit ; ainſi aulieu de faire faire ſeulement quinze tours aux fuſeaux, pendant un de la tige, comme à ce petit, on pourra leur en faire faire vingt-quatre ; enſorte que le diametre de la poulie M [*Fig.* 3], ſera *vingt-quatre fois* auſſi grand que celui de la petite poulie fixée à l'axe de chacun des fuſeaux.

III. Fixons à trente pouces le pourtour des guindres ; j'obſerve pour parvenir à les avoir de ce pourtour, que l'écheveau ſur le guindre forme un quarré, la ſomme des côtés duquel quarré, eſt

---

(*a*) Ils pourroient, à la rigueur, y être au nombre de 79 ; mais 1.º il faut que les fuſeaux ſoient en nombre pair dans chaque rang. 2.º Il faut au moins la place d'un fuſeau, pour placer en devant du chaſſis, les deux roulettes N N (*Fig.* 1 & 3). 3.º Il faut auſſi qu'il y ait ſix à ſept pouces de diſtance entre les deux fuſeaux de derriere ; ſavoir, ceux entre leſquels ſe trouve le plan dé la poulie Z (*Fig.* 3).

avec fa diagonale, à-peu-près, comme 48 eſt à 17 ; ainſi la diagonale du guindre à conſtruire, (c'eſt-à dire la diſtance entre les arêtes extérieures de deux lames oppoſées), ſera de *dix pouces ſept lignes & demie*, puiſque cette quañtité eſt le quatriéme terme d'une pro-portion dont les trois premiers ſont 48, 17 & 30 (*a*).

ARTICLE II.

Détermination par le calcul des diametres des poulies qui conviennent à ce Moulin.

I. **P**our en venir à la compoſition du rouage des guindres, je conſidere le tord de vingt-quatre points, ſur un pouce de longueur de ſoie, comme un tord ordinaire , & celui que l'on donne com-munément à la ſoie : celui de quarante-huit points par pouce, ſera conſéquemment le tord le plus fort; & celui de douze, ſera le tord foible (*b*) : cela poſé , il faut remarquer que pour donner le tord le plus fort de quarante-huit points par pouce, ſur une longueur de trente pouces, qui fait celle du pourtour du guindre, il eſt néceſſaire, 1.° que les fuſeaux faſſent quarante-huit multiplié par trente, c'eſt-à-dire, 1440 révolutions, pendant une ſeule du guindre. 2.° Que l'arbre vertical ou la *tige du Moulin*, faſſe ſoixante tours, pendant un ſeul auſſi du guindre; car , (comme je l'ai dit au N.° II de l'ar-ticle précédent) , les fuſeaux doivent faire vingt-quatre tours pendant un ſeul de cette tige; & 1440, diviſé par 24, a pour quotient 60.

II. Avant d'en venir au calcul des diametres des *poulies-roues* & de leurs *poulies-pignons*, propres à produire les effets ci-deſſus, & à retarder la vîteſſe des guindres, enſorte qu'ils n'enlévent la ſoie

---

(*a*) Cette diagonale ſervira de meſure à l'ouvrier pour faire les guindres, ainſi qu'il ſera dit dans la ſuite.

(*b*) Voyez les Articles II, III & IV de la premiere Partie, Chap. II.

qu'après que les fuſeaux auront eu le tems, par leurs révolutions, de lui donner le tord dont on vient de parler ; j'obſerverai qu'ici le pourtour du guindre, eſt deux fois & demi plus grand que dans le Moulin décrit ; & conſéquemment que pour parvenir à ce que je viens de dire, & à retarder, avec deux paires ſeulement de poulies, la vîteſſe des guindres, autant qu'il faudroit pour cela, il ſeroit né-ceſſaire que les deux *poulies-pignons* fuſſent d'une petiteſſe extrême ; & qu'au contraire les deux *poulies-roues* fuſſent d'une grandeur dé-méſurée : on évitera cela, & en même-tems on ſauvera à la machine les inconvéniens qui lui en réſulteroient, en ajoutant aux deux paires de poulies ci-deſſus, une troiſiéme paire, aſſortie de ſa corde ſans fin & de ſon contre-poids. Si l'on jette un coup d'œil ſur les Figures 2 & 3, on verra que rien n'eſt ſi facile que de placer le nouvel arbre vertical qui portera cette *poulie-roue* & *poulie-pignon* nouvelles, entre celle Y & celle marquée ɪ. L'exécution, ſous le volume que j'indique, donnera lieu à l'agrandiſſement pro-portionnel du terrein compris entre les montans C, D, E, F [*Fig.* 2], mais ſur-tout à un allongement de ce même terrein, qui ſera plus que ſuffiſant à l'emplacement de ce nouvel arbre, duquel je donnerai dans la ſuite la poſition & conſtruction. On ſait au reſte que l'ad-dition d'une paire de poulies ne peut pas produire, ſur la puiſſance motrice, le même effet que produiroit celle d'une roue dentée & de ſon pignon. Il va ſans-dire que la *poulie-pignon* ɪ [*Fig.* 3], engre-nera avec la *poulie-roue* de cet arbre nouveau, & que ſa *poulie-pignon* le fera avec les *poulies-roues* Y & Z.

III. Le principe qui doit ſervir de baſe au calcul que j'ai à faire, pour trouver les diametres des trois paires de poulies dont je viens de parler ; eſt, *que dans un rouage à poulie engrenant par des cordes ſans fin, le produit des diametres des* poulies-roues, *eſt égal au pro-duit des diametres d s* poulies-pignons, *multiplié par le nombre des tours que doit faire la derniere* poulie-pignon, *pendant un des tours de la premiere* poulie-roue ; de même , précifément, que dans un rouage ordinaire , *le produit des dents des roues , eft égal au produit des aîles des pignons , multiplié par le nombre des tours que doit faire le dernier pignon , pendant un des tours de la premiere roue.* Je regarde ceci comme principe , & je ne m'arrête pas à le démontrer ; on peut voir là-deffus M. Le Camus , Liv. XI de fa Statique, & y appliquer toutes fes démonftrations , en mettant feulement, aulieu des nombres des dents des roues , & de ceux des pignons ; les diame- tres des *poulies-roues* , & ceux de leurs *poulies-pignons.* J'obferverai feulement que la premiere *poulie-roue*, celle qui ne doit faire qu'un tour pendant un certain nombre de la derniere *poulie - pignon* , eft repréfentée par celle V [*Fig.* 3] enarbrée au guindre ; & que cette derniere *poulie-pignon* eft repréfentée par la poulie 1 , à la tige du Moulin.

IV. Partant de là , pour travailler à former l'un des membres de l'équation ci deffus , c'eft-à-dire, pour avoir un produit qui foit égal à celui des diametres cherchés des trois *poulies-roues* , je commence par fixer le diametre de la plus petite *poulie-pignon* de la fufée , à *vingt- une lignes* ; celui de celle de l'arbre ajouté ci-deffus, a *trente lignes* ; & enfin a *trente lignes* auffi, celui de la plus petite poulie 1 de la fufée à la tige du Moulin.

V. Multipliant de fuite, & les uns par les autres, ces trois nom- bres 21, 30, 30 ; & multipliant encore leur produit (18900) par 60 (qui eft le nombre des tours que doit faire la tige du Moulin, pen- dant un feul du guindre , pour que ce guindre ne faffe qu'un feul tour pendant 1440 des fufeaux), le dernier produit eft 1134000. C'eft ce nombre qui eft égal au produit des trois diametres cherchés, des *poulies-roues.*

VI. Ayant ce dernier nombre, il ne me fera pas bien difficile
d'avoir

d'avoir chacun de ces diametres en particulier. Pour cela, il ne s'agira plus que de décompofer ce nombre en tous les facteurs qui le compofent, les partager enfuite en trois bandes, multiplier les uns par les autres tous les facteurs de chaque bande particuliere, & chacun des trois produits qui en réfultera, repréfentera le nombre de lignes dont la longueur d'un des diametres cherchés fera compofée.

VII. Mais je crains de m'être fervi, dans ce que je viens de dire, de termes inconnus à bien des perfonnes ; pour ne pas les obliger a en aller chercher ailleurs l'explication, je la donnerai briévement ici ; après quoi je viendrai aux opérations arithmétiques que j'ai indiquées.

Décompofer un nombre donné en fes facteurs, c'eft chercher tous les divifeurs de ce nombre, de la multiplication defquels, les uns par les autres, & dans quel ordre on voudra, il réfultera un produit égal au nombre donné. Par exemple, pour décompofer 28 en fes facteurs, je divife d'abord 28 par 2, le quotient eft 14 ; je divife encore ce quotient 14 par 2, le nouveau quotient eft 7 ; comme ce quotient 7 ne peut plus être divifé, fans refte par 2, par 3, 4, 5, ni par 6, je le divife par 7, & le quotient eft 1. Les facteurs de 28 font donc 2, 2 & 7, qui étant multipliés de fuite, & les uns par les autres, dans quel ordre on voudra, compoferont une feconde fois le nombre 28 (*a*).

Je reviens maintenant au produit 1134000 que j'ai trouvé des diametres des trois *poulies-roues*.

VIII. Pour les avoir chacun en particulier, je décompofe ce nombre en fes facteurs, & je trouve qu'ils font 2.2.2.2.3.3.3.3.5.5.5.7.

(*a*) Voyez M. Le Camus, Liv. XI, Chap. I. de fa Méchanique-Statique.

Je les partage en trois bandes, par exemple, en celles-ci, (2.2.3.7), (2.2.3.3.3), (5.5.5), le produit des facteurs de la premiere bande eſt 84, celui des facteurs de la ſeconde eſt 108, celui, enfin, de ceux de la troiſiéme eſt 125. En multipliant ces trois facteurs com- poſés, de ſuite & les uns par les autres, je m'aſſure que je ne me ſuis pas trompé dans l'opération, puiſque le produit de ces trois nombres eſt 1134000, c'eſt-à-dire, celui même qui a été décompoſé.

En donnant donc aux trois *poulies-pignons* les diametres ci-deſſus; ſavoir, celui de 21 lignes à la plus petite *poulie-pignon* de la fuſée 2 [*Fig.* 3], & à chacune des deux autres celui de 30 lignes ; & d'un autre côté, en donnant au diametre de la poulie V de chaque guindre 84 lignes de longueur, à celui des poulies Y & Z 125 lignes, & enfin à celui de la *poulie-roue* ajoutée 108 lignes, j'aurai le rouage par lequel le guindre ne fera qu'un tour, pendant 1440 des fuſeaux, ou pendant 60 de la tige du Moulin.

ARTICLE III.

Détermination par le calcul des diametres des poulies propres à varier le tord de la Soie.

Ceci achevé, je paſſe à la compoſition de la fuſée 2 (*Fig.* 2 & 8) à mettre au bas de chaque guindre, c'eſt-à-dire, à la recherche des diametres des onze poulies dont cette fuſée pourra être compoſée pour varier les tords à volonté.

Comme les termes de la table des tords que ces poulies doivent don- ner, ſerviront à trouver ces diametres ; je commence par la compoſer.

I. Cette compoſition n'eſt pas difficile ; entre les nombres 48 & 24, qui repréſentent l'un le tord fort & l'autre le moyen, j'infere quatre moyens proportionnels arithmétiques ; entre ce même tord moyen

& celui 12, qui repréſente le tord foible, j'en infere quatre autres; & de cette opération il réſulte la table ſuivante des tords en deſcendant du fort au foible; ſavoir, 48, 43,2, 38,4, 33,6, 28,8 (24) 21,6, 19,2, 16,8, 14,4, 12 points par pouce.

II. Cette table, comme je viens de le dire, nous ſervira à conſtruire celle des diametres des poulies qui doivent donner les tords qui y ſont marqués; car on ſait que lorſqu'on a trois termes d'une proportion, il eſt aiſé d'avoir le quatriéme; or cette premiere table fournira deux de ces termes à chacune des régles de proportion que nous aurons à faire pour trouver ceux de la ſeconde table, & ce que nous avons dit précédemment nous fournira le troiſiéme.

En effet de ce qu'ici les tords donnés par les poulies ſont en raiſon inverſe des diametres des poulies qui les donnent, & de ce que, d'un autre côté, dans le rouage réglé par l'article précédent, nous avons trouvé que la plus petite poulie de la fuſée dont il s'agit, étant de 21 lignes de diametre, le tord ſeroit de 48 points par pouce; il ſuit que ſi ce diametre vient à être doublé, c'eſt-à-dire, à être de 42 lignes, le tord que donnera cette poulie, ne ſera plus que de moitié de ce qu'il étoit lorſqu'elle n'avoit que 21 lignes de diametre; & que s'il vient à être quadruplé, le tord ne ſera plus que le quart, pareillement, de ce qu'il étoit.

III. Voilà donc déjà trois diametres trouvés des onze que nous cherchions pour compoſer la fuſée; ſavoir, les deux extrêmes 21 & 84, & le moyen 42. L'un de ces trois diametres nous ſervira de troiſiéme terme dans chacune des *régles de trois* à faire, pour trouver les autres.

IV. Ces régles ne ſeront que des répétitions de cette analogie: *un tord eſt à un autre tord, réciproquement comme le diametre de la poulie qui donne celui-ci eſt au diametre de la poulie qui donne le premier.* Auffi pour trouver, par exemple, le diametre de la poulie qui donnera le tord de 43,2 par pouce (& qui eft le fecond terme de la table ci-deffus), on dira le tord de 43,2 par pouce eft au tord moyen de 24 points auffi par pouce, comme le diametre (42) de la poulie qui donne le tord de 24 points par pouce, eft à un quatriéme terme (23,33 lignes), qui fera le diametre de la poulie qui donnera le tord de 43,2.

V. On trouvera donc fucceffivement, & par la même méthode, les autres diametres, en obfervant 1.° de mettre toujours pour premier terme de la régle, celui de la table ci-deffus, duquel on cherche le diametre de la poulie qui y correfponde. 2.° De mettre pour le fecond & le troifiéme terme, les nombres 24 & 42. De ces opérations il réfultera la table des diametres des poulies correfpondantes aux terme de la table des tords, ainfi qu'on le voit ci-deffous.

TABLE DES TORDS.	TABLE des diametres des poulies qui les donnent.
48 points par pouce.	21 lignes.
43,2	23,33.
38,4	26,24.
33,6	30.
28,8	35.
Moyen 24	Moyen 42.
21,6	46,66.
19,2	52,5.
17,8	60.
14,4	70.
12	84.

Premiere Observation sur ces Tables.

VI. Ces tables, on le remarque fans doute, font compofées chacune de deux progreſſions arithmétiques, qui ont pour termes commun, l'une 24, & l'autre 42. Peut-être penfera-t-on qu'il eut été plus naturel de mettre d'abord les onze termes de celle des tords en une feule & même progreſſion ; celle des poulies, qui y correfpond, y eut été auſſi ; & il eut réfulté delà une progreſſion, où la même différence eut régné entre les tords forts & les foibles.

On pourra le faire ſi on le juge convenable, l'opération n'en fera pas plus difficile ; puifqu'il ne s'agit que de moyens proportionnels arithmétiques à inférer ; mais peut-être n'en fera-t-on pas d'avis lorfque j'aurai dit ce qui m'a engagé à ne le pas faire.

Il ne m'a pas paru le moindre inconvénient pour l'ufage, que la différence qui doit régner entre les termes des tords forts, ne fût pas la même précifément que celle qui doit être entre les termes des tords foibles ; mais j'ai cru en voir un dans l'arrangement contraire ; le voici.

Mon objet a été, à la vérité, de fonder le fyftême du Moulin, dont je donne ici un exemple de conftruction, fur les régles de la méchanique, & d'affujettir, en quelque forte, au calcul le moulinage de la foie ; mais il a été, en même-tems, qu'il réfultât, de tous ces calculs, une machine ſimple, dont les ufages puffent être entendus fans étude & prefque à l'infpection, par la premiere Mouliniere ou Dévideufe de foie : or ſi aulieu d'inférer quatre moyens proportionnels arithmétiques entre le tord le plus fort & le moyen, & quatre autres entre le même moyen & le plus foible, j'en euffe inféré neuf entre les deux extrêmes ; l'opération m'eut donné néceffairement, pour tord moyen, celui de 30 points par pouce : ce tord, qui eft

beaucoup trop fort, felon moi, pour être le tord ordinaire de la
foie, eut été donné par une poulie qui fe fut trouvée au milieu de
la fufée, tandis que celle qui doit donner le tord ordinaire, eut été
écartée de ce même milieu. Ce feul dérangement eut embarraffé
la Mouliniere, elle fe fut trompée fouvent : on lui évite tout embarras là-deffus, en plaçant au milieu de la fufée la poulie qui doit
donner le tord moyen ; elle a bientôt appris que c'eft cette poulie
du milieu, qui donne le tord ordinaire ; que fi elle veut en donner
un plus fort, elle n'a qu'à placer le cordon du guindre fur une poulie
plus petite, ou fur une plus grande, fi elle veut le donner plus foible (*a*) ; au moyen de cela elle fera difpenfée de favoir même lire
la table des tords. Et fi l'on attachoit cette table au Moulin, elle y
feroit plus pour fatisfaire la curiofité de ceux qui viendroient le voir,
que pour l'utilité de la Mouliniere.

SECONDE OBSERVATION.

VII. J'aurois pu auffi, aulieu des termes de cette table en progreffions arithmétiques, les mettre en progreffions géométriques ;
mais ce qui paroît préférable dans la fpéculation ne l'eft pas toujours
dans la pratique ; il fuffira de dire que fi les termes de la table
euffent été mis en progreffions géométriques, la différence du terme
qui marque le tord le plus fort, à celui qui le fuit immédiatement,
eut été de plus de huit points par pouce ; tandis que cette différence eut été à peine de deux points, entre les deux termes qui
marquent les plus foibles. Rien donc n'eut été mieux imaginé que
cet accroiffement des tords en raifon géométrique, pour rendre
inintelligible à la Mouliniere les effets de la machine qu'on lui eut
donnée à gouverner. Joignez à cela qu'il ne fe fut pas trouvé autant
de termes dans les tords forts, que dans les tords foibles.

(*a*) Voyez la Figure 8.

ARTICLE IV.

Construction des poulies telles qu'avec les cordes qui doivent les mener, elles soient des diametres qu'elles doivent avoir.

LES diametres des poulies une fois déterminés relativement aux effets qu'on veut faire produire à la machine, sa régularité à les produire, dépendra principalement de l'exactitude avec laquelle on aura fait de même diametre, toutes les poulies qui doivent être égales l'une à l'autre, (telles que celles des fuseaux, &c....) & de l'attention qu'on aura eu de faire former à toutes leurs gorges le même angle aigu, afin que la corde s'enfonce également dans toutes.

Je crois avoir déjà dit que le diametre d'une poulie est celui qui, par ses extrémités, touche l'axe de la corde qui l'embrasse, & qui est destinée à la mener ; ainsi pour parvenir au but que nous nous sommes proposé, & en même-tems à faire ensorte que les poulies n'aient, avec les cordes qui les méneront, que les diametres qu'on a trouvé qu'elles devoient avoir ; voici ce qui est à faire.

1.° Celui qui dirigera l'ouvrage fera faire un outil appellé *grain-d'orge* par les Tourneurs, lequel sera terminé en fer de lance fort aigu & fort étroit, pour faire les gorges des poulies étroites & en angle aigu aussi.

2.° Il fera ouvrir, avec cet outil, une poulie d'un diametre quelconque, par exemple, de deux pouces.

3.° Il choisira la corde par laquelle il voudra faire mener cette poulie, & il en mesurera exactement le diametre ou l'épaisseur avec un petit compas d'épaisseur. Cette corde, pour durer plus long-tems, & pour être plus égale dans toute sa longueur, sera faite exprès de bon fil retord, composé du même chanvre,

& filé par la même main ; ces petites attentions coûteront peu : elle
fuffira à une ligne & demie, ou une ligne trois quarts d'épaiffeur.
Il fera bon de la *déroidir* ; les ouvriers entendent ce terme.

4.º Il fera embraffer par cette corde la poulie de deux pouces.
Enfuite, avec le compas d'épaiffeur, il mefurera exactement la longueur du diametre de la poulie, les épaiffeurs de part & d'autre,
de la corde qui l'embraffe, comprifes. S'il trouve ce diametre, par
exemple, de deux pouces quatre lignes & demie, il ôtera de ce
diametre une épaiffeur de la corde que l'on a fuppofée être d'une
ligne & demie ; le reftant, vingt-fept lignes, lui fera juger que les
diametres des poulies, faites avec cet outil, feront augmentés de
trois lignes par une corde qui les embraffera, & qui fera d'une
épaiffeur égale à celle de la corde ci-deffus.

5.º Ayant par écrit les diametres des poulies qu'il veut faire faire,
il en fera lui-même la correction, c'eft-à-dire, (dans cet exemple-ci),
qu'il les diminuera tous de trois lignes, & en donnera l'état corrigé
au Tourneur.

J'obferve ici qu'il fera bon que les cordes des guindres, par lefquelles engreneront les fufée 2 & poulies V [*Fig.* 3], foient des cordons de foie. Ils font bien plus flexibles, & ils ont infiniment moins
de roideur que les cordes de toute autre matiere. Comme ces cordons fuffiront à un diametre encore moindre que celui de la plûpart
des autres cordes fans fin, il faudra avoir un grain-d'orge particulier pour ces dernieres poulies, lequel fervira encore pour celles des
va-&-vient & *compte-tours* qui engreneront auffi par des cordons
fans fin de foie. Et l'on conçoit qu'il faudra répéter en particulier,
pour toutes les poulies à faire avec ce dernier outil, les petites opérations ci-deffus.

Au refte ce cordon de foie (ou de filofelle bien filée), qu'on fera
faire

faire exprès, coûtera un peu plus, à la vérité, que le fil retord de chanvre, dont j'ai dit ci-deſſus, que les cordes devoient être faites; mais cette dépenſe, qui ne ſera pas bien conſidérable, ſe trouvera faite pour très-long-tems ; car les piéces que ces cordons méneront, ayant un mouvement très-lent, ne s'uſeront preſque pas.

6.° Le Tourneur, pour ne pas manquer ſes poulies, c'eſt-à-dire, pour leur donner juſtement les diametres marqués par l'état corrigé qui lui en aura été donné, ſe ſervira de deux compas d'épaiſſeur dont les extrémités des branches ſeront aſſez amincies pour entrer aiſément juſqu'au fond de la poulie.

7.° Avant d'en commencer une, il ouvrira le premier compas d'une grandeur plus forte de trois quarts de ligne ou d'une ligne que le diametre de la poulie qu'il aura à faire; le ſecond ſera ouvert de la grandeur préciſément de ce diametre.

8.° Il commencera enſuite ſa poulie avec un grain-d'orge ordinaire, pour ménager celui en fer de lance, dont il ne ſe ſervira que ſur la fin. Il préſentera le premier compas, & lorſque la poulie lui donnera paſſage, l'ouvrier ſera averti de travailler doucement & avec précaution, & de préſenter ſouvent le ſecond compas pour finir la poulie. Elle ſera finie lorſque le compas préſenté, & ſupporté par le bout du doigt, ſe ſera fait paſſage par ſon propre poids après quelques ſecondes de tems, à compter du moment auquel il aura été préſenté.

9.° Il ſera bon qu'il pouſſe l'attention juſqu'à avoir une poulie ouverte avec ſon grain-d'orge près de ſa pierre à aiguiſer, afin qu'il puiſſe le préſenter à cette poulie après l'avoir aiguiſé, pour ſavoir s'il n'en a pas changé la figure, & pour y faire, au cas que cela ſeroit arrivé, les corrections néceſſaires. Il ſera bon auſſi que le Tourneur s'aſſure qu'il préſente à l'ouvrage & à toutes les poulies à travailler, le grain-d'orge toujours de la même façon, à la même hauteur & fous le même angle, ou la même obliquité avec l'horizon: on fait qu'au Tour à figure & à rozette on parvient à cela exactement & avec précifion, en fixant l'outil au fupport, & il me fuffira, fans doute, d'en avoir fait l'obfervation.

C'eft par toutes ces attentions, & celle particuliere de tourner les poulies fur les arbres mêmes auxquels elles doivent être fixées, que l'on parviendra, dans une machine de filature, à remplacer avec avantage, les roues dentées par des poulies.

Il va fans dire que toutes ces précautions de conftruction, ne concernent que ce que j'ai appellé *poulies-roues* & *poulies-pignons*, & non les poulies de renvoi des cordes; celles-ci ne demandent prefque ni précautions ni mefures.

CHAPITRE II.

De la Charpente du Moulin à deux vargues.

ARTICLE PREMIER.

Montans, longueur, largeur & hauteur du Moulin.

I. L E Moulin à deux vargues fera foutenu par fix montans de trois pouces en quarré d'épaiffeur chacun. Ils feront difpofés entr'eux comme ceux A, B, C, D, E, F [*Fig.* 1.re]. Les quatre premiers auront fept pieds huit pouces de hauteur. Celle des deux derniers pourra n'être que de fix pieds deux pouces.

II. Les quatre premiers feront affemblés par cinq étages de traverfes, difpofés aux différentes hauteurs qu'on fpécifiera ci-après, pour porter les deux cages circulaires des fufeaux, & former celles des guindres en parallélogrammes rectangles.

III. Les deux E, F, fe joindront aux deux C, D, par quatre étages de traverfes, difpofés aux hauteurs qui feront pareillement fpécifiées ci-après, pour porter le rouage duquel le Moulin recevra le mouvement.

IV. La longueur totale du Moulin hors d'œuvre, (c'eft-à-dire, les épaiffeurs des montans extrêmes A, B & E, F comprifes), fera de dix pieds fix pouces ; favoir, fept pieds deux pouces entre les extérieurs des montans A, B & C, D; & trois pieds quatre pouces de là, aux montans E, F leurs épaiffeurs comprifes.

V. La largeur de l'efpace quarré-long, compris entre les extérieurs des montans A, B & C, D, fera de trois pieds fix pouces : la dif-

tance du montant E, à celui F, fera d'un pied feulement, les épaiffeurs cependant des mêmes montans, E, F non comprifes.

ARTICLE II.

Etages & Charpente des cages des fufeaux & des guindres.

LES quatre premiers montans A, B, C, D, feront, comme on l'a
dit, affemblés par cinq étages de traverfes; mais le nombre & l'arrangement de ces traverfes ne feront pas les mêmes dans tous les étages.
On en parlera après qu'on aura dit que......

§. 1.er

Hauteur des étages entre les quatre premiers montans.

1.º LES furfaces fupérieures des traverfes du premier étage feront
élevées de terre feulement de cinq pouces. 2.º La diftance entre la
furface fupérieure de ce premier étage, & celle auffi fupérieure du
fecond, fera de deux pieds. 3.º Entre la furface fupérieure du fecond,
& celle auffi fupérieure du troifiéme étage, il y aura un pied fix
pouces & fix lignes. 4°. Entre cette derniere & celle fupérieure du
quatriéme, il y aura deux pieds. 5.º Enfin entre cette derniere & celle
fupérieure du cinquiéme, la diftance fera d'un pied fix pouces fix
lignes; enforte que ce dernier étage fera élevé de terre de fept pieds
cinq pouces & demi.

Sur les premier & troifiéme étages feront les cages circulaires des
fufeaux; les entre-deux du fecond & troifiéme, du quatriéme &
cinquiéme, formeront (moyennant les petits montans dont on parlera)
les cages des guindres.

§. 2.

Arrangement des traverses dans chaque étage.

I. A tous & chacun des cinq étages il y aura deux traverses, que je nommerai *traverses de largeur*, & qui joindront l'un à l'autre les montans A, B & ceux C, D; ces traverses auront deux pouces six lignes de largeur ou hauteur & deux d'épaisseur. Elles seront posées dans leur haut-sens, ensorte qu'elles soient à fleur des intérieurs des montans, & qu'il y ait un pouce de vuide entre les extérieurs de ces montans & ceux des traverses (*a*).

II. Aux étages premier, troisiéme & cinquiéme, seront posées, à même niveau que les premieres, deux traverses de longueur, de même largeur & épaisseur que ces mêmes premieres, & dans leur haut-sens, pour joindre les montans A, C & ceux B, D; mais, à la différence de celles de largeur, elles seront à fleur des extérieurs des montans.

III. Aux étages second & quatriéme, ne seront point les traverses de longueur dont on vient de parler; mais ils en auront chacun deux autres, aussi bien que les étages troisiéme & cinquiéme. Ces autres traverses de longueur, pour ces quatre derniers étages, auront deux pouces & demi de largeur, & un pouce & demi d'épaisseur; ce sera la largeur qui sera par dessus, c'est-à-dire, qui sera horizontale. Elles seront assemblées à l'équerre, dans les traverses de largeur de chacun de ces étages; elles y seront placées au même niveau que ces premieres, & ensorte que l'une ait la ligne du milieu de sa largeur (*b*) dans toute la longueur de la traverse, distante de huit

---

(*a*) Le Menuisier doit tracer, à la craie, sur le plancher, les emplacemens de ces montans, ces traverses, &c.

(*b*) J'entends par ligne du milieu de la largeur d'une traverse qui seroit, par exemple, de six pieds de longueur sur deux pouces de largeur, une ligne qui seroit tracée sur la surface large de

pouces des faces des montans A, C; favoir, des faces extérieures de
ces deux montans, celles qui font paralleles à la longueur du Moulin;
& que l'autre, qui lui fera parallele, ait précifément toutes les mêmes
pofitions à l'égard des traverfes de largeur, & des faces extérieures
des montans B, D.

Ces deux traverfes, au fecond étage, avec leurs correfpondantes
au troifiéme, comme les deux du quatriéme, avec leurs correfpondantes au cinquiéme, ferviront, moyennant les montans dont on
parlera bientôt, à former les deux cages des guindres des deux
vargues.

Sur leurs furfaces antérieures, c'eft-à-dire, fur celles qui regardent
les tringles des guides [*Fig.* 2], feront les canaux dans lefquels joueront, comme couliffes, les petits chariots contre-poids des cordes
particulieres à chaque guindre (*a*).

IV. Au fecond étage, & au quatriéme feulement, il faudra encore
quatre autres traverfes, de même largeur & épaiffeur que celles dont
on vient de parler, qui y porteront, qui feront par conféquent
paralleles aux traverfes de largeur, & dont les furfaces fupérieures
feront, avec toutes les autres, foit de longueur, foit de largeur, au
même plan horizontal.

Deux de ces quatre traverfes auront les lignes des milieux de leur
largeur diftantes chacune de fept pouces des extérieurs des traverfes
de largeur dont on a parlé au N.° 1.ᵉʳ de ce §, & qui joindront les
montans A, B & C, D [*Fig.* 1.ʳᵉ]. La troifiéme aura fa ligne du

---

cette traverfe, qui auroit comme elle fix pieds de longueur, & qui dans toute cette longueur feroit diftante d'un pouce des bords de la traverfe.

(*a*) Voyez ci-deffus pages 38 & 39 & le petit chariot marqué 8 & 9 (*Fig.* 3); dans cette
Figure la traverfe P Q a été brifée pour laiffer voir celle où eft le petit chariot; au Moulin à
deux vargues, cette traverfe P Q ne doit pas fe trouver, du moins au fecond & quatriéme
étage, ainfi qu'on vient de le dire.

milieu diftante de l'extérieur de la traverfe de largeur C D, de deux pieds huit pouces ; le milieu de la largeur de la quatriéme fera diftant de l'extérieur de la traverfe A B de deux pieds onze pouces (*a*).

Les deux premieres feront pour porter par deffous elles les chappes des poulies 3 & 4 [*Fig.* 3]; par deffus les deux autres feront *les poupées r , s* qui ferviront d'appui aux tourillons du cylindre du *va-&-vient ,* ainfi qu'on le dira en fon lieu.

§. 3.

Cages des fufeaux.

I. On a dit ci-deffus, (Chap. I.ᵉʳ Artic. I.ᵉʳ N.º I. de cette Partie), que chacune des cages circulaires des fufeaux feroit de fix pieds fix pouces de diametre, pour y diftribuer, dans un ordre pareil à celui de la Figure premiere, & fur une circonférence de fix pieds quatre pouces de diametre auffi, foixante-feize fufeaux. Ces cages pourront être formées chacune, à l'exemple de celle du petit Moulin décrit, de deux couronnes (*b*) de cercle de bois de hêtre ou de chêne, de neuf lignes d'épaiffeur, affemblées l'une avec l'autre pour former la cage, par des boulons de bois à double embafes & double clavette (*c*).

II. Comme à tous les fufeaux il y aura, ainfi qu'on le dira ci-après (*d*), entre leurs pivots & le haut de leur collet, cinq pouces

---

(*a*) On fe fouviendra ici que les extérieurs de ces traverfes de largeur, ne font pas, comme dans cette Figure premiere, à fleur des extérieurs des montans ; mais qu'ils rentrent d'un pouce fur les extérieurs de ces montans ainfi qu'on l'a dit au N.º I de ce §.

(*b*) Ces couronnes de cercle de bois rendent plus légere & plus agréable à la vue les cages des fufeaux ; mais la conftruction en eft bien plus longue & par conféquent bien plus chere que celle des cercles pleins de bois , lefquels font avec cela plus folides ; ainfi on pourra, fi l'on veut, former ces cages de deux cercles de bois chacune.

(*c*) Voyez la page 31 & la Figure 7.

(*a*) Chap. III, Art. II de cette Partie.

quatre lignes de diſtance, il y aura auſſi entre la ſurface ſupérieure de la couronne inférieure, & la ſurface ſupérieure de la couronne ſupérieure, cinq pouces quatre lignes de diſtance.

III. Les deux couronnes de chaque cage ſeront par-tout & dans leur pourtour à cette diſtance, ſi (ces couronnes étant d'égale épaiſ-ſeur) le Tourneur, qui travaillera les boulons à double clavette, a l'attention de les travailler enſorte qu'une de leurs embaſes ſoit diſ-tante de l'autre, préciſément de cette longueur de cinq pouces quatre lignes.

IV. C'eſt dans la couronne inférieure que ſeront logés, à fleur du bois, les petits cylindres de cuivre qui ſerviront de crapaudines aux fu-ſeaux ; celle ſupérieure recevra, auſſi à fleur du bois, les lunettes de cuivre, dans leſquelles ſeront les collets des fuſeaux avec liberté de tourner (*a*).

§. 4.

Cages des guindres.

I. Les deux traverſes dont il a été parlé au N.° III du § 2 ci-deſſus, & qui doivent être placées dans chacun des quatre derniers étages, ſeront pour recevoir, haut & bas, dans deux paires de mor-taiſes qui ſeront pratiquées dans chacune d'elles, les tenons ou mon-tans pareils à-peu-près à ceux L [*Fig.* 2 & 3]; & ces montans ſerviront d'appui aux tourillons & collets des guindres. On dit *à-peu-près* ; car, comme le Moulin eſt à deux vargues, il y auroit de l'incon-vénient que les tenons de ces montans débordaſſent les traverſes, comme ils font dans les Figures 3 & 8.

II. Chacun de ces montans aura un pouce d'épaiſſeur, deux & demi

(*a*) Voyez la page 31 ci-deſſus & les notes qui y ſont.

demi de largeur , & pour hauteur, entre deux tenons, (ces tenons non compris), dix-sept pouces ; ces dix-sept pouces seront la distance qui se trouvera par ce qui a été dit ci-dessus (§. 1.ᵉʳ N.º I, & §. 2, N.º III de cet Article), entre la surface supérieure d'une des deux traverses du second étage par exemple, & la surface inférieure de sa correspondante dans le troisième étage. On conçoit qu'il faut deux de ces montans pour chaque guindre.

III. Ces montans seront placés, à-peu-près, comme en L [*Fig. 2*]; je veux dire que leurs épaisseurs seront tournées du côté des tringles des guides, leur largeur fera face aux traverses de largeur A B, C D, [*Fig. 1.*ʳᵉ].

I V. Le premier montant de chaque guindre, celui destiné à recevoir son collet , sera placé sur la traverse de maniere que sa face du côté de la poulie V du guindre [*Fig. 2*] soit à quatre pouces de distance de l'extérieur de la traverse de largeur qui joint les montans A , B ou C, D. Le second montant de chaque guindre, celui destiné à recevoir son tourillon, sera placé aussi de façon que la face de ce montant, qui regardera le premier, sera (sur la même ligne du milieu de la traverse) à deux pieds dix pouces de distance de la face du premier montant dont on vient de parler. On placera de même toutes les autres paires de montans pour chaque guindre.

V. Les collets & tourillons des guindres auront leurs appuis pratiqués dans les montans, ainsi qu'on le voit en *o* [*Fig. 8*] (*a*); ces appuis feront pratiqués à telle hauteur, que les guindres y étant, les centres des appuis, ou les axes des guindres, soient élevés au-dessus de la traverse, dans laquelle porteront les tenons inférieurs de

---

(*a*) Le Dessinateur a oublié de marquer ces appuis sur les montans L (*Fig. 3*).

leurs montans, de *neuf pouces six lignes.* On donnera la construction de ces guindres dans le Chapitre suivant.

ARTICLE III.

Charpente du rouage.

LES montans C, D [*Fig.* 1.*re*] seront assemblés à ceux E, F, par quatre étages de traverses disposées, dans chaque étage, à-peu-près comme les traverses C E, E F, F D. Toutes ces traverses auront *deux pouces & demi de face* ou de *hauteur,* & *deux d'épaisseur*; les longueurs sont déterminées par les positions des montans C, D, E, F, désignées aux N.° III, IV & V de l'Article premier ci-dessus.

§. 1.er

Hauteur des quatre étages de traverses.

LES surfaces supérieures des traverses du premier étage, seront à deux pouces & demi de terre, ensorte que leurs inférieures toucheronr la terre. Celles supérieures du second étage seront à un pied quatre pouces aussi de terre ; celles du troisiéme à trois pieds ; celles du quatriéme à six pieds, toujours à compter du plancher par terre.

§. 2.

Arrangement d'autres traverses sur celles-ci dans chaque étage.

I. LES traverses C E, D F de chaque étage seront, pour en porter d'autres, presque toutes de la même façon que celle W W [*Fig.* 2] y est portée. Les unes seront pour loger les crapaudines des grands arbres, les autres seront pour recevoir leurs tourillons, &c.

Par exemple, une traverse de deux pouces & demi d'épaisseur, & de trois pouces de largeur, sera placée horizontalement & la

largeur par deſſus, ſur les traverſes C E, D F de l'étage qui touche
terre, de façon qu'elle touche terre auſſi, & enſorte que le milieu
de ſa largeur ſoit dans toute ſa longueur à une diſtance de la ligne,
dans laquelle ſeroient les intérieurs des montans E, F (*a*), de *ſept
pouces.* Dans le milieu de la longueur de celle-ci, ſera enfoncé, à
fleur du bois, un petit cylindre de cuivre de neuf à dix lignes de
diametre, d'environ un pouce de hauteur, & ayant ſa baſe ſupérieure
creuſée coniquement d'une ligne & demie ou deux lignes, pour recevoir le pivot de la tige du Moulin.

I I. En haut & au quatriéme étage, ſera auſſi une traverſe qui répon-
dra parallelement à celle-ci, enſorte que les milieux de leur longueur
ſoient dans une même ligne verticale ; celle-ci ſera pour recevoir
le tourillon de l'arbre dans une demi-lunette qui aura ſa convexité
tournée du côté du Moulin, & qui ſera, ſi l'on veut, revêtue d'une
demi-lunette de cuivre proportionnée au tourillon de cet arbre : le
reſtant du bois de la largeur de cette traverſe, vis-à-vis de la con-
cavité de la lunette, pourra être ſupprimé, pour pouvoir, ſans démonter la traverſe, faire entrer & ſortir le tourillon de l'arbre hors
de ſa demi-lunette. Lorſqu'il y ſera, afin que de lui-même il n'en
ſorte pas pendant le travail, on pourra, ſur la traverſe, ficher deux
petits pitons de fer, dans leſquels on paſſera une petite broche auſſi
de fer, & qui tiendra à la traverſe par une chaînette (*b*).

Comme la ſuppreſſion d'une partie de bois à la traverſe dont on
vient de parler, doit affoiblir cette traverſe ; il ſera bon de lui
donner un pouce de largeur de plus qu'aux autres, & de porter cette

---

(*a*) C'eſt de cette ligne que l'on partira pour déſigner les diſtances de toutes ces traverſes pareilles à celle W W (*Fig.* 2).

(*b*) Cette broche pourra être viſſée, du moins dans une partie de ſa longueur, pour
engrener avec un des pitons, & ne pas s'en échapper pendant le travail.

largeur du côté du Moulin, parce que c'eſt de ce côté que l'arbre en mouvement frottera & fera effort.

III. Sur le troiſiéme étage, ſera une traverſe de fer, large de quatorze lignes & épaiſſe de trois, elle ſera ſur ſon haut-ſens ; la face de cette traverſe, qui regarde les montans E F, ſera diſtante de la ligne ſuſdite (N.º I ci-deſſus) de cinq pouces & demi ; elle portera dans le milieu de ſa longueur un petit canon de fer, dont l'axe ſera horizontal, pour recevoir le tourillon de l'arbre du rouet, ainſi qu'il ſera dit ci-après.

IV. Au ſecond étage, ſera une autre traverſe, dont le milieu de la largeur ſera dans toute ſa longueur à une diſtance de dix-ſept pouces de la ligne ſuſdite. C'eſt pour recevoir le cylindre de cuivre qui ſervira de crapaudine au ſecond arbre vertical de fer, celui que nous avons dit, à la page 71, devoir être ajouté à ce Moulin.

V. Au quatriéme étage, ſera une ſeconde traverſe, correſpondante à celle-ci, pour recevoir dans une demi-lunette faite comme la précédente (N.º II ci-deſſus), le tourillon de ce même ſecond arbre.

CHAPITRE III.

Des piéces auxquelles la Charpente est destinée.

ARTICLE PREMIER.

Des Arbres, Roues & Poulies du Moulin.

§. 1.ᵉʳ

Du Rouet de la Manivelle & de sa Lanterne.

I. LE rouet de la manivelle peut être à seize dents, & la lanterne à sept fuseaux.

II. La façon la plus expéditive de composer ces deux piéces, est 1.º de se déterminer sur l'épaisseur du fuseau de la lanterne ou sur la force qu'il doit avoir, eu égard au travail auquel il est destiné. 2.º De mettre les centres des fuseaux sur une circonférence telle que l'espace d'un centre à l'autre soit de quinze parties du nombre desquelles le diametre du fuseau fera lui seul huit parties ; conséquemment de faire ensorte *que l'espace plein soit à l'espace vuide entre deux fuseaux, comme huit est à sept.* 3.º De mettre aussi les centres des dents du rouet, sur une circonférence telle que l'espace du cenrre d'une dent à l'autre, soit aussi de quinze parties, dont le même diametre du fuseau en fait huit ; mais de donner seulement *six & demi* de ces quinze parties au diametre de chaque dent, ensorte que sur le rouet, *l'espace plein soit à l'espace vuide entre deux dents, comme six & demi est à huit & demi.* Par-là il arrivera que la dent, qui n'a que six parties & demie de diametre, jouera dans un vuide de sept parties entre deux fuseaux. Ainsi il y aura une demi-partie de vuide pour le jeu (*a*).

(*a*) Voyez l'Architecture hydraulique de M. Belidor, I. Part. Tom. I. pag. 121.

III. Suivant cette méthode, je régle d'abord à *douze lignes* le diametre du fuſeau, ce qui me donne pour l'eſpace vuide entre les deux fuſeaux *dix lignes & demie* ; car 8 eſt à 7, comme 12 eſt à 10,5. J'aurai conſéquemment, pour l'eſpace vuide & plein 22,5 lignes.

IV. Il doit y avoir ſept fuſeaux à la lanterne; ainſi la circonférence ſur laquelle ſeront leurs centres, ſera de ſept fois 22,5 lignes, c'eſt-à-dire, de 157,5 lignes. On trouvera que le diametre de cette circonférence eſt, à peu de choſe près, de *quatre pouces deux lignes & demie* par cette proportion 22:7 ::157,5: 52,5 (*a*).

V. L'eſpace vuide & plein, entre deux dents du rouet, doit être auſſi de 22,5 lignes. La proportion 15 eſt à 6,5, comme 22,5 eſt à 9,75, me donne le diametre de la dent du rouet de neuf lignes trois quarts.

VI. Comme le rouet doit avoir ſeize dents, elles doivent être ſur une circonférence de ſeize fois 22,5 lignes, c'eſt-à-dire, de 360 lignes. Le diametre de cette circonférence eſt, à peu de choſe près, de *neuf pouces ſix lignes & demie.*

Voici donc, en conſéquence de ce qu'on vient de dire, la conſtruction de ces deux piéces, & d'abord celle de la lanterne.

VII. Son tourteau ſupérieur ſera de bois de noyer, poirier ou pommier ſauvage, d'*un pouce d'épaiſſeur* & de *ſix pouces huit lignes* de diametre. Il ſera bon de le revêtir d'une frette mince pour le fortifier.

VIII. Le tourteau inférieur ſera de même bois que le ſupérieur,

---

(*a*) Voyez la Géométrie de M, Le Camus. pages 493 & 494.

il aura *quinze lignes d'épaiſſeur*, & pourra être de *huit pouces* ou *huit pouces & demi* de diametre.

R E M A R Q U E.

O<small>N</small> fait ce diametre plus grand que celui du plateau ſupérieur, afin de pouvoir y ouvrir une poulie telle que celle 14 [*Fig.* 3], & pouvoir, en ſupprimant la manivelle, faire mettre le Moulin en mouvement par une tige commune à un ou pluſieurs autres Moulins (*a*).

IX. La lanterne dans-œuvre, & entre deux plateaux, aura cinq pouces quatre lignes de hauteur; ainſi les fuſeaux, pour pouvoir entrer de dix lignes dans chaque plateau, auront en tout ſept pouces de longueur.

X. Ils feront, autant qu'il pourra ſe faire, de bois de cornouiller; c'eſt le meilleur pour cela : & ils feront diſtribués ſur les plateaux, ſur une circonférence de quatre pouces deux lignes & demie de diametre, ainſi qu'on l'a dit au N.º IV.

XI. Le Tourneur, pour bien faire ces plateaux, après leur avoir donné une premiere préparation, les avoir percé au centre, d'un trou quarré; les avoir préſenté à l'arbre de fer nommé *la tige du Moulin*, & dont on parlera ci-après; il les montera tous les deux bien ſolidement ſur un même mandrin quarré, dans la même poſition qu'ils auront été préſentés à l'arbre, dans la même poſition & à la diſtance, à-peu près, qu'ils auront lorſque les fuſeaux y feront travaillés.

XII. Lorſque les plateaux feront réduits au diametre qu'ils doivent avoir chacun, & que la poulie à faire ſur le plateau inférieur ſera

faite ; avant de les ôter du mandrin, il faudra marquer, à la face in-
térieure de chacun, un point qui fera précifément diftant du centre
du plateau, de *deux pouces une ligne & un quart* : c'eft la longueur
du rayon de la circonférence fur laquelle feront les centres des fufeaux. Ces points lui ferviront pour tracer légérement fur les tour-
teaux (le mandrin qui les porte étant remonté fur le tour) fans compas, mais avec un outil bien pointu, les circonférences ci-deffus.

XIII. Avant encore de démonter les plateaux, il marquera fur
chacune de ces circonférences, un point ; enforte que ces deux points
foient les extrémités d'une ligne qui les toucheroit à ces points, &
qui feroit bien perpendiculaire aux faces intérieures des plateaux.

XIV. Il pourra enfuite démonter les plateaux, & partir de ces
points pour les divifions en fept parties égales de ces deux circonférences ; mais avant de les faire, il ne faut pas qu'il oublie de faire
vis-à-vis de ces premiers points, & cependant à huit ou neuf lignes
de diftance de chacun d'eux, une petite marque à demeure. Ces
marques ferviront, lorfqu'on montera la lanterne, & qu'on aura placé
fes fept fufeaux dans un tourteau, pour placer dans le trou du fecond
tourteau, vis-à-vis duquel eft la marque, le même fufeau qui eft vis-
à-vis de l'autre marque dans le premier.

XV. Les divifions faites ; pour en venir à faire les trous qui doivent recevoir les fufeaux, il faudra monter fur le tour à lunette,
cette méche, que les bons Tourneurs connoiffent, & que je nomme
langue de ferpent, à caufe de fes trois pointes, dont celle du milieu
faille au-delà des deux autres d'environ deux lignes, pour maintenir toujours l'outil, pendant qu'il travaille, dans l'axe du trou qu'il
fait.

XVI. Pour parvenir à faire ces fufeaux juftement d'un pouce
d'épaiffeur dans toute leur longueur, il ne fe fervira pas du compas
d'épaiffeur,

d'épaiſſeur, mais il percera de part en part, ſur le tour, une planchette très-mince d'un trou propre à livrer paſſage, ſans vuide, à
un cylindre d'un pouce de diametre. Cette planchette lui ſervira
pour préſenter à ſes fuſeaux en les travaillant.

XVII. Avant de travailler le rouet, il faut faire faire l'arbre de
fer ſur lequel il ſera monté.

Cet arbre aura en tout *onze pouces & demi de longueur*; ſavoir,

1.° Un tourillon de ſept lignes environ de diametre,   *pouces. lig. points.*
ſur neuf lignes de longueur. ci - - - - - - - - - o   9   o

2.° De la, juſqu'à l'embaſe qui ſoutiendra le derriere du
plateau du rouet, l'arbre aura environ dix lignes en quarré
d'épaiſſeur, ſur trois pouces quatre lignes fortes de longueur. ci - - - - - - - - - - - - - - - - - 3   4   3

A un pouce en devant de cette embaſe, l'arbre ſera percé
d'un trou quarré-long, pour paſſer une clavette de fer,
laquelle, en portant contre une plaque mince de fer,
ferrera le rouet contre ſon embaſe.

3.° Cette embaſe ſera de trois pouces de diametre, en
tous cas la plus large qu'il ſera poſſible. Elle aura huit
lignes environ d'épaiſſeur vers ſon centre, réduite à deux
vers ſes bords. ci - - - - - - - - - - - - - o   8   o

4.° Le reſtant de la longueur (qui ſera de ſix pouces neuf
lignes environ) ſera arrondi, & ſera de huit à neuf lignes
de diametre ; cependant vers l'extrémité, & ſur un pouce
environ de longueur, il ſera équarri & préparé pour
recevoir la clef de la manivelle (*a*). ci - - - - - 6   8   9

TOTAL - - - - - - - - - - - - - - - 11   6   o

(*a*) Le rayon de cette manivelle ſera de ſeize à dix-ſept pouces de longueur.

III. Part.   N

XVIII. Le cercle de bois qui doit fervir de rouet doit avoir un pied de diametre, un pouce & demi d'épaiſſeur dans le milieu, réduite par derriere à quinze lignes vers la circonférence.

XIX. Le morceau de bois préparé pour cela ſera monté ſur ſon arbre de fer ſolidement, & comme il doit y demeurer ; il ſera travaillé au tour ſur cet arbre, & l'on tournera en même-tems le tourillon de ce même arbre pour l'aſſortir au canon dans lequel il doit tourner, & duquel nous avons parlé au Chapitre précédent, Art. III, § 2, N.º III.

XX. Il marquera enſuite, ſur la ſurface plane du rouet, un point diſtant du centre de *quatre pouces neuf lignes un quart*; c'eſt la longueur du rayon de la circonférence ci-deſſus (N.º VI) de 360 lignes ſur laquelle doivent être les centres des dents. Ce point lui ſervira à la décrire ſur le plan du rouet, ſon arbre étant monté ſur le tour.

Après qu'il l'aura diviſée, & fait à la *langue de ſerpent* moins large que la précédente (*a*), les trous pour les racines des dents; il les travaillera chacune de 9,75 lignes de diametre, ſur 27 lignes de longueur depuis la racine, cette racine (qui ſera de neuf ou dix lignes de longueur) non compriſe : elles ſeront terminées en épicycloïdes, ſur environ huit lignes de longueur; & pour les faire toutes du diametre ci-deſſus, il ſe ſervira, en les travaillant, d'une planchette percée au tour, d'un trou qui aura ce diametre avec préciſion (*b*).

XXI. Après ceci, le Tourneur fera mettre entre les montans E, F [*Fig.* 1.ʳᵉ] une traverſe, dont le haut ſera environ à trois pieds cinq pouces & demi de hauteur de terre. La largeur de cette traverſe débordera d'un pouce les extérieurs des montans, ainſi qu'on le voit en la Figure 3, à l'endroit marqué 12.

(*a*) Dont on a parlé N.º XV de ce §.
(*b*) Voyez le N.º XVI précédent.

XXII. Il fera préparer par le Fondeur en cuivre une lunette de ce métal, compoſée de deux piéces quarré-longues & égales, c'eſt-à-dire, ayant chacune cinq à ſix lignes d'épaiſſeur, ſeize lignes de longueur, & huit de hauteur ou largeur.

Dans le plan de chacune d'elles, le Fondeur ouvrira un demi-cercle de quatre lignes de rayon. L'une de ces piéces portera à chaque côté de ſon·demi-cercle, dans le milieu de ſon épaiſſeur & dans ſon plan, une aiguille de fer pour entrer dans des trous correſpondans faits dans l'autre piéce; enſorte qu'en faiſant entrer les aiguilles dans les trous de celle-ci, les deux demi-cercles ſe raccordant, forment une lunette de huit lignes de diametre.

Il enfoncera la piéce de cette lunette, celle qui porte les aiguilles, dans l'épaiſſeur de la traverſe; enſorte que la ſeconde piéce y étant, l'axe de cette lunette ſoit horizontal, ne forme qu'un ſeul axe avec celui du canon ci deſſus, & que la piéce ſupérieure de la lunette déborde de trois lignes environ, la ſurface ſupérieure de la traverſe.

XXIII. Pour lors le Tourneur prenant juſte la diſtance du canon à la lunette, & marquant, ſur l'arbre du rouet, l'endroit où cet arbre y correſpondra, il remontera le rouet ſur le tour; il fera à l'arbre, à cet endroit, un collet ou petit enfoncement circulaire d'une demi-ligne, de maniere que l'arbre, repoſant dans ſon canon & dans la lunette, ne puiſſe aller ni en avant, ni en arriere, & rempliſſe parfaitement la lunette, avec liberté cependant de tourner.

XXIV. Il y a pluſieurs méthodes d'aſſujettir la piéce ſupérieure de la lunette, de ſorte qu'elle ne ſe ſouleve pas dans le travail du Moulin. Une des plus ſimples me paroît être de faire faire par le Serrurier un crochet de fer qui ſeroit comme une potence à deux piliers. Ces deux branches, (qui ſeroient paralleles & diſtantes l'une de l'autre d'au moins deux pouces & demi), feroient d'un pouce & demi, ou de deux pouces plus longues que l'épaiffeur de la traverfe dans laquelle feroit la lunette. Ces deux branches étant viffées chacune, fi l'on perce la traverfe de part en part, felon fon épaiffeur, & de chaque côté de la lunette, & que l'on faffe paffer dans ces trous les branches du crochet ; moyennant les écroues à main avec lefquelles ces branches engreneront par deffous la traverfe, on ferrera l'une contre l'autre les deux piéces raccordées de la lunette.

XXV. Le Tourneur s'appercevra, malgré qu'il aura obfervé tout ce que j'ai rapporté, qu'il y aura encore à retoucher avec la lime aux côtés des dents du rouet vers leurs extrémités, & qu'il y aura à en ôter légerement un peu de bois, aux unes plus, aux autres moins.

REMARQUE.

Tout ce détail, fur ces deux feules piéces, fera affez fentir (pour le dire en paffant) de quel avantage il eft de fubftituer aux roues dentées, les poulies dans les Moulins à foie. Auffi, en écrivant ceci, ai-je été tenté de fubftituer encore des poulies à ce rouet & à cette lanterne ; la chofe eft fi aifée à faire, par ceux qui le voudroient, qu'il me femble fuffifant d'en avoir fait ici l'obfervation.

§. 2.

Du grand Arbre ou de la Tige du Moulin, & des pieces qui doivent y être enarbrées.

I. La tige du Moulin fera un arbre de fer bien dreffé, de cinq pieds dix à onze pouces de longueur ; il fera vers le bas d'onze à douze lignes en quarré d'épaiffeur, réduite infenfiblement à dix lignes auffi en quarré vers le haut. Au bas, il fera pivoté fur trois pouces de longueur, & aura le pivot bien acéré. Au-deſſus de ce pivot, à trois pouces de la pointe, ſera une embaſe d'au moins deux lignes de ſaillie dans tout le pourtour de l'arbre. Il ſera bien arrondi, ou tourillonné par le haut ſur quatre à cinq pouces de longueur : ce ſera à ce tourillon que s'aſſortira la demi lunette dont on a parlé plus haut (*a*), & pratiquée dans une plaquette de cuivre d'une ligne & demie d'épaiſſeur, de quatorze à quinze lignes en quarré, percée d'un petit trou à chaque angle, pour recevoir des épingles ou clous de fil de fer, qui la fixeront ſur la traverſe du quatriéme étage.

II. A cette tige ſeront enarbrées quatre piéces percées quarrément au centre, & auxquelles cette tige ſervira d'axe; ſavoir, 1.° Une poulie M [*Fig.* 3], dont la gorge ſera dans un même plan horizontal avec les gorges de celles fixées aux axes des fuſeaux du vargue inférieur, c'eſt-à-dire, à dix pouces de terre, conſéquemment à ſept pouces & demi au-deſſus de la pointe du pivot.

2.° La lanterne, dont le haut du tourteau ſupérieur ſera à deux pieds huit pouces huit lignes de la pointe du pivot de l'arbre, afin qu'il y ait quelques lignes de diſtance entre ce tourteau & le canon qui reçoit le tourillon de l'arbre du rouet (*b*), & que cette lanterne puiſſe tourner ſous le canon, ſans frotter contre.

3.° La fuſée 1 [*Fig.* 3], de laquelle la gorge de la plus petite poulie ſera environ à trois pieds quatre pouces de la pointe du pivot.

4.° Enfin la ſeconde poulie M, pour les fuſeaux du vargue ſupérieur, de laquelle poulie la gorge ſera à quatre pieds un pouce dix lignes au-deſſus de la même pointe du pivot.

(*a*) Chap. II, Art. III, § 2, N.° II de cette Partie.

(*b*) L'axe de ce rouet eſt ſuppoſé être à trois pieds de terre, ou à deux pieds neuf pouces ſix lignes du pivot de la tige.

III. J'ai dit, ci-deſſus (*a*), que le diametre des poulies M des fuſeaux devoit être vingt-quatre fois celui de la poulie à l'axe de chaque fuſeau, enſorte que ſi la poulie du fuſeau a, par exemple, huit lignes de diametre pris entre les parties oppoſées de l'axe de la corde qui l'embraſſe, il faudra que chacune de ces poulies M ait ſeize pouces de diametre entre les parties de la même corde qui l'embraſſera.

J'ajouterai ici que ces poulies faites chacune d'une ſeule planche, ou de pluſieurs jointes & aſſemblees ſolidement, peuvent, étant travaillées, n'avoir gueres qu'un pouce ou quinze lignes d'épaiſſeur. Sur cette petite épaiſſeur, & ſur un ſi grand diametre, elles auront peine à ſe maintenir long tems d'équerre ſur leur arbre ; pour qu'elles s'y maintiennent, le Tourneur pourra rendre ſes poulies beaucoup plus épaiſſes vers leur milieu, en ajoutant & joignant au cercle de bois, qui doit devenir la poulie, une eſpéce de cône tronqué renverſé & de bois debout, de quatre pouces de hauteur, dont la baſe qui touchera à la planche, (& qui entreroit d'une ligne ou deux dans un vuide circulaire qui y ſeroit pratiqué), pourroit être de quatre à cinq pouces de diametre ; celle d'en bas ne ſeroit que d'environ deux pouces & demi. Si cette piéce eſt fortement arrêtée au cercle de bois par des pointes de fer ou autrement, enſorte qu'ils ne forment enſemble qu'un même corps ; & ſi le tout, avant d'être travaillé ultérieurement eſt percé, ſuivant l'axe du cône, d'un trou quarré correſpondant à l'épaiſſeur de l'arbre ſur lequel il doit être monté ; il ſera facile, lorſque la poulie ſera faite, de l'arreter par des petits coins minces à l'endroit de l'arbre qu'elle doit occuper, de façon que dans le travail, elle ſe maintiendra d'équerre avec lui.

IV. On n'ajoutera rien ici à ce qui a été dit ci-deſſus de la lan-

---

(*a*) Chap. I, Art. I, N.º II de cette Partie.

terne. A l'égard de la fufée 1 [*Fig.* 3], on fait que fa plus petite
poulie doit être de trente lignes de diametre (*a*) ; celle au-deffous
pourra être de quarante lignes , & la troifiéme de cinquante pour
les effets ou diminutions de tord dont on a parlé *page* 52. Il eft effentiel de faire cette fufée du bois le plus dur, comme cormier, buis, &c.

Remarque fur cet Arbre pour l'organfinage.

On a vu au Chapitre précédent, concernant la charpente (*b*), comment cet arbre doit y être placé , & qu'en ôtant ou mettant la
cheville de fer dans fes pitons , on peut ôter ou remettre en place
cet arbre à fon gré. C'eft au moyen de ceci, & du feul croifement
ou décroifement de la corde des fufeaux , qu'on pourra faire fervir ,
à volonté , chacun des deux vargues , de moulin du premier ou du
fecond apprêt : lorfqu'on voudra croifer ou décroifer la corde des
fufeaux du vargue inférieur , pour les faire tourner d'un autre côté ,
pendant qu'une perfonne foulevera l'arbre , une autre paffera la corde
par deffous le pivot pour la croifer ou décroifer , & la remettre fur
la poulie M, l'arbre étant remis dans fa crapaudine. Si ce font les
fufeaux du vargue fupérieur qu'on veut faire tourner d'un autre côté,
on pourra faire paffer les deux cordes, qui fe trouveront dans cette
partie , par deffus le tourillon de l'arbre , croifer enfuite ou décroifer
celles des fufeaux , & les remettre après , toutes les deux , fur leurs
poulies.

Quoique cette derniere opération ne foit pas longue , elle l'eft
cependant un peu plus que la premiere ; d'un autre côté, pour faire
de l'organfin, le Moulin doit travailler au moins deux fois autant de
foie du premier apprêt que du fecond ; on pourra donc deftiner le

---

(*a*) Chap. I, Art. II , N° IV de cette Partie.
(*b*) Art. III , § 2, N.° II.

vargue fupérieur à travailler toujours de la foie du premier apprêt ;
& le vargue inférieur, à fervir tantôt de moulin du premier apprêt,
tantôt du fecond ; au moyen de quoi il n'y aura de croifement ou
décroifement de cordes à faire, qu'à celle des fufeaux du vargue inférieur.

§. 3.

Du fecond Arbre vertical & des piéces qu'il doit porter.

I. LE fecond arbre fera de quatre pieds neuf pouces de longueur,
& de neuf à dix lignes en quarré d'épaiffeur. Il fera pivoté par le
bas, & tourillonné par le haut comme le premier : on pourra fe
paffer d'y faire une embafe au-deffus du pivot.

II. Comme cet arbre eft celui ajouté en conféquence de ce qui eft
dit précédemment, il portera trois piéces ; favoir, deux *poulies-pignons*
égales, & de trente lignes de diametre chacune, pour engrener, auffi
chacune, avec les poulies Y, Z de chacun des vargues, & une *poulie-
roue* de cent huit lignes de diametre, pour engrener avec la *poulie-
pignon* 1 [*Fig.* 3] (*a*).

III. Ces trois piéces feront percées quarrément au centre, & avant
d'être travaillées elles feront préfentées à l'arbre qui doit les porter.
Chacune des deux premieres pourra être un cylindre de bois de trois
pouces deux lignes de diametre, fur trois ou quatre pouces de hauteur, afin que la poulie de trente lignes de diametre, ouverte fur cette
piéce felon la méthode ci-deffus (*b*), fe maintienne d'équerre avec
l'arbre.

Pour le même effet, on joindra à la *poulie-roue* de cet arbre un

cône

(*a*) Chap. I, Art. II, N.° II, IV & VIII de cette troifiéme Partie.
(*b*) Troifiéme Partie, Chap. I, Art. IV.

cône tronqué renverfé, à-peu-près, comme aux poulies des fufeaux dont on a parlé dans le § précédent N.º III.

La *poulie-pignon* répondant à la *poulie-roue* du vargue inférieur, fera placée fur l'arbre de façon que fa gorge foit à fix ou fept pouces de diftance de la pointe du pivot de cet arbre. La *poulie-roue* aura fa gorge diftante de cette pointe de deux pieds trois pouces : enfin la feconde *poulie-pignon* aura la fienne élevée au-deffus de cette même pointe de quatre pieds un pouce.

IV. Il faut un petit chariot contre-poids pour la corde par laquelle engrenera la *poulie-pignon* 1 [*Fig.* 3] avec la *poulie-roue* de ce fecond arbre.

On pourra le faire double, & en couliffes qui joueront dans un canal : le tout fera dans la même forme (dimenfions à part) que la planche O O & fes petits chariots [*Fig.* 1 *& 8*].

Pour cela il faudra 1.º affembler la traverfe D F [*Fig.* 1.ʳᵉ] avec fa correfpondante D F [*Fig.* 2], c'eft-à-dire, la traverfe D F du troifiéme étage, avec fa pareille dans le quatriéme, par un montant droit de deux pouces de largeur ou de face, douze ou quinze lignes d'épaiffeur, fur la hauteur qui fe trouvera entre ces deux étages (*a*); un montant pareil fera mis entre les traverfes C E & C E [*Fig.* 1.ʳᵉ *& 2*] entre les mêmes étages. Ces montans y feront pofés de façon que le plan vertical qui pafferoit par le milieu de leur largeur, feroit diftant du plan vertical, dans lequel feroient les faces intérieures des montans E, F, de dix pouces fix lignes.

2.º Il faut affembler à tenons, à ces deux montans, une traverfe d'un pouce d'épaiffeur, & de deux pouces de largeur, la largeur

---

(*a*) Ces deux étages peuvent être repréfentés par le fecond & troifiéme étages des traverfes qui joignent les montans C, E (*Fig.* 3).

III. Part.   O

par deſſus. Auparavant, ſur les rives de cette traverſe, ſeront placées, comme ſur la planche en O O [*Fig.* 1.ʳᵉ], des tringles de ſix lignes en quarre, creuſées par deſſous de trois lignes de hauteur & de largeur ſur toute la longueur, pour recevoir les languettes des petites planchettes qui porteront chacune une poulie comme dans cette même planche O O.

3.º Cette traverſe, aſſortie de ſes couliſſes, ou petits chariots, portera, de part & d'autre, dans les montans dont on vient de parler; & y ſera miſe de façon que les gorges des poulies de ces petits chariots ſoient dans le même plan horizontal avec la corde à laquelle ils doivent ſervir de contre-poids.

4.º Le crochet auquel tiendra la corde de chaque chariot, ſera tourné du côté du montant qui lui répond, enſorte qu'en faiſant un trou dans le montant pour paſſer la corde, & conduiſant cette corde par deſſus une petite poulie pareille à celle O [*Fig.* 1.ʳᵉ], & placée à l'extérieur du montant, le poids qui y ſera attaché, tirera le chariot du côté de ce même montant (*a*).

§. 4.

Des quatre Arbres horizontaux & des piéces qu'ils doivent porter.

I. L'arbre horizontal, auquel ſeront les fuſées 2 & la poulie Y [*Fig.* 8.], ſera auſſi de fer, & aura *trois pieds trois pouces de longueur.* Il ſera de différente groſſeur dans ſes parties; ſavoir, depuis le milieu de ſa longueur, & ſur quatorze pouces de part & d'autre de ce milieu, (c'eſt-à-dire, ſur une longueur de vingt-huit pouces en tout) il ſera de dix lignes en quarré d'épaiſſeur; depuis là, & ſur une longueur de part & d'autre de quatre pouces & demi, il ſera de huit lignes & demie en quarré d'épaiſſeur; le ſurplus, qui ſera d'un pouce

---

(*a*) Voyez le bas de la Figure 8.

de longueur à chaque extrémité, fera tourillonné enforte que ces tourillons aient fix lignes au moins de diametre.

II. Si l'on veut monter cet arbre entre deux pointes fur le tour, comme il conviendra de faire foit pour le dreffer, foit pour y travailler les piéces qu'il doit porter; il faudra que le Serrurier faffe aux bafes des tourillons, des enfoncemens coniques, pour loger les pointes du tour.

III. Au milieu de fa longueur fera placée la poulie de 125 (*a*) lignes de diametre.

Afin que cette poulie fe maintienne bien à angle droit avec fon arbre & au milieu de ce même arbre, il faudra, de part & d'autre, joindre à la planche d'un pouce ou dix lignes d'épaiffeur qui la formera, un cylindre de quatre ou cinq pouces de diametre, fur huit pouces à huit pouces & demi de longueur, à-peu-près comme on a dit (*b*) qu'il falloit faire aux grandes poulies M [*Fig.* 3], pour les maintenir de même à angle droit fur leurs arbres. Ces cylindres pour ront fervir de bobines à la corde du tour lorfque l'arbre y fera monté.

IV. A chacune des autres bafes de ces deux cylindres, fera accollée la bafe la plus grande d'un cône tronqué, qui aura fix pouces & demi de hauteur ou longueur, dont la grande bafe accollée au cylindre, fera d'environ fept pouces huit lignes de diametre étant travaillée, & dont la petite fera de vingt-neuf à trente lignes étant auffi travaillée. C'eft fur chacun de ces cônes tronqués qu'on ouvrira les onze poulies, dont les diametres font marqués dans la table à la fin du N.º V de l'Article III du premier Chapitre de cette Partie, & fuivant ce qui a été dit à l'Art. IV de ce même Chapitre, pour le travail de toutes ces poulies.

(*a*) Part. III, Chap. I, Art. I, N.º VIII.
(*b*) Chap. III, Art. I, § 2, N.º III de cette Partie.

V. Il va fans dire que pour ce Moulin, qui eft à deux vargues, il faut quatre de ces arbres horizontaux, tous égaux, & qui porteront chacun les piéces ci-deffus ; c'eft-à-dire, qu'il en faut deux pour chacun des vargues (*a*).

VI. Les tourillons de ces arbres tourneront dans des pitons de fer [*Fig.* 8] qui feront leurs appuis ; les queues de ces pitons feront viffées, traverferont les épaiffeurs des montans, & y feront affermies par leurs écroues à plaquettes quarrées de fer, qui porteront contre les faces intérieures des montans.

VII. Les pitons des deux arbres du vargue inférieur, feront pofés les uns en devant, les autres du derriere du Moulin, fur les faces extérieures des montans A, B & C, D [*Fig.* 2 & 8], enforte que leurs centres foient à dix-huit pouces fix lignes de hauteur, à compter du plancher par terre. Ceux du vargue fupérieur feront aux mêmes montans, & fur les mêmes faces, à cinq pieds un pouce & demi du même plancher.

VIII. Un coup d'œil fur le contre-poids 6 [*Fig.* 3] fera voir où & comment il faudra placer dans chacun des vargues le contre-poids de la corde qui menera les poulies & les arbres dont on vient de parler (*b*).

§. 5.

Emplacement des contre-poids des cordes des fufeaux.

L es deux planches pareilles à celle O O [*Fig.* 1.ʳᵉ], feront, pour les deux vargues, placées & affurées en devant des montans C, D, fur des chevilles ou confoles, & à telle hauteur chacune, que les gorges des poulies de fes petits chariots, foient dans un même

---

(*a*) Voyez les poulie Y, Z & les fufées 2 (*Fig.* 3).
(*b*) Voyez ci-deffus pages 37 & 38.

plan horizontal avec la corde à laquelle ils doivent fervir de contre-poids.

ARTICLE II.

Des Fuſeaux, Bobines & Couronnelles.

I. L ES bobines à placer fur les fuſeaux doivent être plus longues que celles du Moulin décrit ; mais il eſt eſſentiel de laiſſer leurs baſes à un pouce de diametre chacune, afin de pouvoir, en mettant les fuſeaux à trois pouces de diſtance les uns des autres, en placer, dans leurs rangs, le double de ce qu'il s'en place ordinairement. La hauteur de cette bobine ſera de quatre pouces : le fuſeau qui la rece-vra aura la forme de celui [*Fig.* 4]. Il aura douze pouces quatre lignes de longueur totale ; ſavoir, 1.° *quatre pouces* de ſon pivot à ſon *cui-vrot c* ; 2.° *Un pouce quatre lignes* delà, en haut de ſon collet *b* ; 3°. *Huit lignes* delà au haut de ſon embaſe *d* ; 4.° Enfin *ſix pouces quatre lignes* de cette embaſe à ſon extrémité ſupérieure ; & cette derniere partie ſera la branche qui recevra la bobine & ſa couron-nelle [*Fig.* 5 *& 6*]. A l'égard de ſon épaiſſeur, il eſt bon qu'à deux pouces au-deſſus du pivot, elle ſoit d'environ ſept lignes, pour rendre cette partie du fuſeau plus peſante. Cette épaiſſeur ira delà en di-minuant vers le pivot & vers la partie ſupérieure ; enſorte qu'à quatre pouces au-deſſus du pivot, c'eſt-à-dire, à l'endroit où le Fondeur placera un morceau de cuivre pour y ouvrir la poulie, cette épaiſ-ſeur ſoit réduite à trois lignes : cela donnera le moyen de faire cette poulie d'un petit diametre, ce qui eſt eſſentiel ; car il faut ſe ſouve-nir qu'une ligne d'augmentation ſur le diametre de celle-ci, en don-nera vingt-quatre ſur celui de la poulie M [*Fig.* 3] (*a*). Il faut ſe ſouvenir encore, que le diametre d'une poulie ſe prend entre les deux parties oppoſées de l'axe de la corde qui l'embraſſe, & que par la

---

(*a*) Voyez le N.° II de l'Art. I, Chap. I de cette Partie.

forme que doit avoir cette poulie, quand en fortant des mains du Tourneur, elle n'auroit que quatre lignes & demie de diametre; elle en aura fept à huit, lorfque la corde y fera, ainfi qu'on l'a dit ci-deffus (*a*).

Dans le bois de la couronnelle (qui doit être d'un diametre un peu moindre que celui de la bafe de la bobine) on pourroit couler un peu de plomb fi on ne la trouvoit pas affez pefante.

ARTICLE III.
Des Guindres.

I. L'arbre de chacun des quatre guindres d'un vargue, aura trois pieds quatre pouces de longueur. Si l'on craint que des guindres de cette grandeur, ne tournent pas aifément fur leurs tourillons & appuis de la planchette dont on a parlé ci-deffus page 51. Lorfqu'il s'agira de doubler ou tripler la foie du premier apprêt, pour la préparer au fecond; voici ce qu'il faudra faire.

Le Tourneur, avant de dreffer cet arbre fur le tour & d'y travailler les tourillons, &c. fera entrer de force à chacune de fes extrémités, & à l'endroit qu'il appelle le *centre du bois*, une efpéce de petite crapaudine de cuivre femblable à celles que j'ai décrites dans la note (*b*), page 31. Il les y enfoncera à demeure & jufqu'à fleur du bois; enfuite il travaillera fon arbre à l'ordinaire entre deux pointes qui feront reçues dans les enfoncemens coniques faits aux bafes extérieures de ces petits cylindres.

Je parlerai de ce à quoi ceci nous fervira pour le dévidage de la foie, après que j'aurai donné le reftant de la conftruction du guindre.

(*a*) Chap. I, Art. IV de cette Partie.

II. Son arbre doit, ainfi que je le difois à l'inftant, avoir trois pieds quatre pouces de longueur ; favoir, 1.° huit lignes de longueur pour monter la poulie V [*Fig.* 3], que nous avons trouvé ci-deffus (*a*) devoir être de fept pouces de diametre, & qui eft fuppofée avoir *huit lignes* d'épaiffeur.

	pieds.	pouces.	lig.
ci	o	o	8.
2.° Delà au collet, auquel le premier montant doit fervir d'appui, *quatre pouces quatre lignes*, ci .	o	4	4.
3.° Épaiffeur du montant, ou longueur du collet, *un pouce*, ci	o	1	o.
4.° Delà au milieu de l'épaiffeur du premier croifillon, pour porter les lames, *huit pouces fix lignes*, ci	o	8	6.
5.° Delà au milieu du fecond croifillon, *quinze pouces*, ci	1	3	o.
6.° Delà au tourillon, *neuf pouces & demi*, ci . .	o	9	6.
7.° Longueur du tourillon, ou épaiffeur du fecond montant où il doit être appuié, *un pouce*, ci . .	o	1	o.
T O T A L	3	4	o.

III. L'épaiffeur de cet arbre fera de dix-huit lignes en quarré, & l'on conçoit aifément qu'il ne faut pas travailler au tour cet arbre, mais fur tout fes tourillons & collets, que les montans qui doivent leur fervir d'appuis, ne foient pofés, percés (ainfi qu'on va le dire) & préparés à les recevoir : on y préfentera ces tourillons lorfqu'on les travaillera ; & on fera enforte qu'ils y tournent bien librement, fans cependant y entrer trop facilement & y être logés trop gaiement.

VI. Il faudra percer au tour les trous ronds qui, dans les montans, doivent fervir d'appuis, & les percer tous avec le même outil. La

(*a*) Chap. I, Art. II, N.° VIII de cette Partie.

langue de ferpent, d'un pouce de largeur, étant à un mandrin monté à la lunette du tour, (& dont nous avons parlé à la page 96, N.º XV), fervira à merveille pour cela.

V. Nous avons dit ci-deffus (*a*) que la diagonale du guindre feroit de *dix pouces fept lignes fix points ;* ainfi les bras des croifillons y feront proportionnés.

VI. Les efpéces de régles de bois, que j'ai appellées *lames des guindres,* auront chacune *un pouce & demi de largeur, trois lignes & demie d'épaiffeur, & deux pieds & demi de longueur ;* elles feront arrondies fur le dos, c'eft-à-dire, fur le côté qui recevra la foie.

VII. Pour diminuer la portée des lames entre les croifillons, on vient de fixer (N.º II ci-deffus) la pofition de ces croifillons de façon que cette portée n'eft que de la moitié de la longueur de la lame ; ainfi l'ouvrier aura l'attention, en pofant ces lames, de les faire déborder les croifillons, de part & d'autre, de fept pouces fix lignes.

VIII. Les deux lames, qui auront fous elles des clefs (*b*), feront mobileschacune par deux boutonnieres placées aux endroits des croifillons. Chaque boutonniere pourra être de cinq lignes de hauteur, fur deux & demie de largeur.

IX. Il eft effentiel que les guindres foient d'une même diagonale tous, & dans toute leur longueur ; ainfi l'ouvrier fera enforte que les clefs placées, les arrêtes extérieures des lames oppofées, foient avec précifion & dans toute leur longueur, à la diftance de la diagonale ci-deffus déterminée.

§. 1.ᵉʳ

(*a*) Chap. I de cette Partie, Art. I, N.º III.

(*b*) Voyez ci-deffus page 35.

§. 1.er

Conftruction du Métier à dévider ou doubler la Soie pour la préparer au fecond apprêt.

LE petit métier propre à dévider ou doubler la foie, pourra, en conféquence de ce qui a été dit en commençant cet article des guindres, être conftruit de cette forte :

Un petit banc formé d'une planche de chêne de *trois pieds de lengueur, fur huit ou neuf pouces de largeur, deux au moins d'épaiffeur,* & élevé fur fes quatre pieds d'environ *dix pouces,* portera à chacune de fes extrémités, un pied droit ou montant de même bois & de même épaiffeur, fur *quatre ou cinq pouces* de largeur, & *trois pieds dix pouces* de hauteur.

Ces montans feront, par le haut, affemblés l'un à l'autre par une traverfe de même (*a*) ; enforte que le banc avec fa traverfe & les deux montans, formera une efpéce de chaffis quarré-long & perpendiculaire.

Dans l'intérieur de ce chaffis, à *neuf pouces* de diftance de chaque montant, & au milieu de la largeur du banc, fera placée droite une pointe de fer pareille à celle des poupées des Tourneurs. Deux autres pointes auffi de Tourneur, mais *à vis,* feront placées dans la traverfe, enforte que chaque *pointe à vis* correfponde perpendiculairement à la fienne fixée à la furface fupérieure du banc, & le métier à dévider fera conftruit.

On conçoit que lorfqu'on voudra s'en fervir, on y pourra monter un ou deux guindres chargés d'écheveaux de foie du premier apprêt ; & cela en plaçant leurs arbres chacun entre fa paire de pointes re-

---

(*a*) On pourroit affembler cette traverfe à clefs, en faifant les deux montans un peu plus longs, afin que leurs tenons puiffent déborder la traverfe fuffifamment pour cela : voyez les tenons F, F (*Fig.* 3).

III. Part. P

çues dans les enfoncemens coniques des petits cylindres de cuivre dont nous avons parlé. Les guindres de cette forte tourneront avec autant de facilité que la girelle la plus légere ; & il fera facile de tirer de deux, trois, ou quatre écheveaux montés fur un même guindre, deux, trois, ou quatre fils ; de les affembler, & de charger de ce fil double ou triple, la bobine montée fur l'escaladou ordinaire. Deux Dévideufes pourroient, étant placées l'une vis à-vis de l'autre, & ayant le métier entr'elles, y travailler en même-tems ; puifqu'elles y auroient chacune leur guindre. Et fi je ne craignois qu'on ne m'approuvât pas de donner ici des defcriptions de machines que je n'ai ni exécutées, ni mis a l'épreuve, j'aurois bientôt (en ajoutant quelque chofe au petit métier dont je viens de parler) donné le moyen à une feule de ces Dévideufes, de charger de ce fil double ou triple, plufieurs bobines à la fois.

ARTICLE IV.

Conftruction du Va - & - vient.

Il y aura un *va-&-vient* dans chacun des vargues. Cette partie du Moulin, quelqu'importante qu'elle foit, ne comprendra que de l'ouvrage du Tourneur ordinaire, ainfi l'exécution n'en fera pas chere ; elle demande cependant, pour être d'un mouvement aifé & régulier, d'être bien conçue, & de l'attention dans l'ouvrier : auffi ne me contenterai je pas de renvoyer à ce que j'en ai dit à la *page 41 & fuivantes* : j'entrerai ici dans des détails qui, je l'efpere, ne laifferont rien à défirer, foit fur la conftruction même, foit fur la théorie d cette conftruction.

§. I.er

Cylindre du Va-&-vient *& fes dimenfions.*

I. Le cylindre *l m* du *va-&-vient* [*Fig.* 3] fera de dix-fept pouces de longueur en tout, & y compris fes tourillons de fer qui feront de fix lignes chacun. Ces tourillons feront affez forts pour qu'on puiffe travailler le cylindre au tour, auffi bien que la poulie qui y fera enarbrée.

II. Cette longueur fera partagée comme il fuit : il y aura cinq pouces de diftance de la gorge de la poulie *q*, à l'une des extrémités du cylindre, y compris, comme on a dit, le tourillon de ce côté; il y aura par conféquent douze pouces de diftance de la même gorge à l'autre extrémité, y compris pareillement le tourillon de cet autre côté.

III. Le diametre du cylindre fera d'un pouce & demi au moins, fur fept à huit pouces de longueur depuis la poulie en allant vers *l* (*a*); fa groffeur dans les autres parties eft indifférente.

§. 2.

Rapport des diametres des deux Poulies du Va-&-vient.

I. CETTE poulie du cylindre fera de huit ou neuf lignes d'épaiffeur, fon diametre fera à celui de fa *poulie-pignon* (qu'on ouvrira fur l'arbre même du guindre P *Fig.* 2), à-peu-près, comme 5 eft à 1; c'eft par-là que le mouvement du *va-&-vient* fera imperceptible, & qu'il pro-ménera infenfiblement la foie fur différens endroits des guindres; puifque fa vîteffe fera cinq fois moindre que celle du guindre P, lequel tournera déjà lui-même fort lentement.

J'ai dit, *à-peu-près* comme 5 eft à 1; car fi les poulies étoient pré-cifément en cette raifon, à chaque cinq tours du guindre, le fil de foie reviendroit fur les mêmes points. L'écheveau feroit, par conféquent, compofé de cinq autres petits écheveaux. Je fais qu'au moulinage cela n'eft pas fujet aux mêmes inconvéniens qu'au tirage de la foie

(*a*) Il feroit bon que du moins cette partie fut en bois de cornouiller.

des cocons; puiſqu'au moulinage la gomme de la ſoie n'eſt plus en fuſion; mais comme il eſt extrêmement facile d'y parer, (puiſqu'il ne s'agit que de prendre pour termes de cette raiſon des nombres *premiers entr'eux*), on auroit tort de ne pas le faire.

On ſait que les nombres *premiers entr'eux* ſont ceux qui n'ont d'autres commune meſure, d'autre diviſeur commun, que l'unité; ainſi en faiſant, par exemple, la poulie *o* du guindre P [*Fig.* 2 & 8] de quinze lignes de diametre; aulieu de faire de *cinq fois quinze,* c'eſt-à-dire, de 75 *lignes,* le diametre de celle enarbrée au cylindre; on le fera de 77 *lignes.* 77 n'a d'autre diviſeur commun avec 15, que l'unité; ainſi ce ne ſera qu'après 77 tours que la ſoie reviendra ſur les mêmes points (*a*).

§. 3.

Poſition du Cylindre, ſon élévation, & celle des Tringles des guides.

I. Le cylindre tournera ſur ſes tourillons, qui auront leurs appuis dans les poupées ou piliers *r, s* [*Fig.* 3] placés au milieu de la largeur du Moulin [*Fig.* 2], ſur les deux des quatre dernieres traverſes dont il a été parlé dans le Chapitre précédent; Art. II, § 2, N.º IV, enſorte que ſa poulie ſera en devant des deux montans où ſeront les appuis des tourillons des deux guindres les plus près de la tige du Moulin.

(*a*) On remarquera même que les diametres des poulies étant dans le rapport de 15 à 77, il n'y aura rien à riſquer de l'effet des variations de l'atmoſphere ſur les cordes; car 77 eſt moyen entre 76 & 78 : or s'il peut arriver, par les variations de l'atmoſphere, que les poulies ſoient entr'elles comme 15 eſt à 76, ou comme 15 eſt à 78, cela arrivera ſans le moindre inconvénient, il eſt aiſé de le prouver.

1.º 15 & 76 n'ont pas plus de diviſeur commun que 15 & 77; ainſi ce ne ſeroit qu'après 76 tours que la ſoie reviendroit ſur les mêmes points.

2.º 15 & 78 ont à la vérité un diviſeur commun autre que l'unité, qui eſt 3; mais 3 ſe trouve cinq fois dans 15, & vingt-ſix fois dans 78; & ces nombres de fois 5 & 26, ſont premiers entr'eux; il en réſulte que ce ne ſeroit qu'après 26 tours du guindre que la ſoie reviendroit ſur les mêmes points : or quel ſeroit l'inconvénient, ſur-tout au moulinage, qu'un écheveau d'un pouce de largeur fut compoſé de 26 petits écheveaux particuliers, qui n'auroient pas une demi-ligne de largeur chacun?

II. Ce cylindre y fera placé de forte, 1.° que la gorge de fa poulie, celle *o* du guindre P, & celle du petit chariot contre-poids T [*Fig.* 8] foient toutes dans le même plan. 2.° Ses tourillons feront élevés fur leurs poupées ou appuis, enforte que toutes les parties du *va-&-vient* montées, les boucles des guindres fe trouvent dans un plan horizontal élevé de *deux pouces* au-deffus de l'étage de traverfes fur lequel fera le *va-&-vient* (*a*). 3.° Les boucles des guides doivent non-feulement être élevées de deux pouces au-deffus de l'étage ; mais encore les confoles *h i* [*Fig.* 2 *&* 8] qui foutiendront les tringles, feront pofées de facon que les boucles foient diftantes & en avant des montans A, C & B, D [*Fig.* 2] de deux pouces & demi, la faillie de ces boucles comprife ; laquelle faillie fera d'un demi-pouce au-delà des tringles *a b*, *c d*. Nous reviendrons à ces tringles après le paragraphe fuivant.

§. 4.

Quelle doit être la hauteur ou longueur du demi-pas de vis double à tracer fur le Cylindre, pour que le Va-&-vient *faffe un écheveau d'une largeur donnée.*

I. Il faut fe déterminer fur la largeur des écheveaux qui fe formeront fur le guindre, celle d'un pouce me paroît fuffifante. Cela pofé, ce qui a été dit précédemment ; mais fur-tout ce qui vient de l'être fur l'élévation & pofition des tringles & boucles des guides, nous mettra en état de déterminer la hauteur ou la longueur que doit avoir le demi-pas de vis à tracer fur le cylindre pour former cet écheveau d'un pouce.

Car, d'un côté, il eft certain que *le pourtour du guindre eft à la largeur de l'écheveau qui s'y forme, comme ce même pourtour plus*

(*a*) Voyez les boucles (*Fig.* 3) de la tringle *a b*, élevée au-deffus de l'étage I K.

la diſtance des boucles des guides à la lame du guindre la plus proche de ces mêmes boucles, eſt à la hauteur ou longueur demandée du demi-pas de vis ; &, d'un autre côté, trois termes de cette proportion nous ſont connus ; ainſi nous aurons aiſément le quatriéme.

Le premier de ces termes eſt *trente pouces*, puiſque ces trente pouces ſont la longueur à laquelle a été fixé ci-deſſus (*a*) le pourtour du guindre. Le ſecond eſt *un pouce* ou *douze lignes*, auxquelles la largeur de l'écheveau vient d'être fixée. Le troiſiéme eſt *trente-huit pouces & demi ;* ſavoir, trente pouces du pourtour du guindre, & huit pouces ſix lignes de diſtance, qui (par la poſition reſpective, & détaillée ci-deſſus, des guindres & des boucles des guides) ſe trouve entre la lame la plus proche des tringles, & les mêmes boucles ; ainſi le quatriéme, ou la hauteur cherchée du demi-pas de vis, ſera de 15,4 lignes ; car 30 pouces eſt à 12 lignes, comme 38,5 pouces eſt à 15,4 lignes.

REMARQUE.

JE dois m'attendre que dans un ouvrage où j'ai eu pour principe de rendre raiſon de tout, & de ne rien préſenter à faire au hazard, la plûpart des Lecteurs ne me feront pas grace de la démonſtration de ce que je viens d'avancer ; je vais eſſayer de la leur donner ; mais je les prie de m'aider de leur imagination, n'ayant pas l'avantage de pouvoir leur préſenter une figure faite pour cela en particulier.

A l'égard de ceux des Lecteurs qui trouveront la démonſtration trop longue, je les prierai de faire attention que toute ſimple que cette analogie paroiſſe, elle ne m'a pas été facile à trouver : j'avouerai même que de fauſſes idées la deſſus m'ont caché pendant long tems le vrai ; or pour le faire entendre, ce vrai, à ceux qui n'ont que les images de la machine ſous les yeux, & non la machine même, je n'ai pas cru devoir épargner les explications ; *rarement des deſcrip-*

(*a*) Page 69, N.º III.

tions peuvent être'suffisamment exactes sans être longues, dit quelque part M. de Réaumur. Il est, au reste, très-aisé à ceux que ces raisons ne satisferoient pas, d'avoir, pour ce qui précéde, la même foi qu'ils ont ordinairement pour ce qui est démontré géométriquement, &, sans s'arrêter ici, de passer au § 5.

Préparation à la Démonstration de l'Analogie ci-dessus.

I. *Pour préparer à cette démonstration j'observerai*, 1.° *que par la seule construction du* va-&-vient, *& l'ensemble de ses parties* [Fig. 2], *il est évident que le chemin fait par les tringles des guides en ligne droite, & parallelement aux axes des guindres, est égal précisément à celui que fait aussi en ligne droite, & parallelement aux mêmes axes, la pointe* n [Fig. 3] *au moyen de la courbe dans laquelle elle marche.*

Il suit delà que le plus grand chemin que pourront faire ces tringles, soit en avant, soit en arriere, sera égal au plus grand chemin que pourra faire cette pointe, soit en avant aussi, soit en arriere; c'est-a-dire, qu'il sera égal à la hauteur ou longueur du demi-pas de vis dans lequel elle marchera.

II. *J'observerai*, 2.° *que la largeur de chacun des écheveaux qui se formeront sur le guindre, dépendra de l'éloignement dans lequel seront les boucles des guides, des lames des guindres; aussi bien que de la longueur du demi-pas de vis; car on conçoit aisément que si l'on allonge le pas de vis, les boucles restant dans le même éloignement des guindres, la largeur de l'écheveau sera augmentée; & qu'au contraire si, le pas de vis restant le même, on met les tringles dans un plus grand éloignement des guindres, cette largeur diminuera, comme elle s'augmenteroit si on les en approchoit.*

III. *Mais j'observe*, 3.° *que cette même largeur, qui dépend de ce qui vient d'être dit, ne dépendra nullement du rapport dans lequel seront*

les diametres des deux poulies o & q du va - vient [Fig. 2]; *car la
raison de ces diamtres venant à varier, le demi-pas de vis , & l'éloignement des tringles, restant les mêmes ; la vîtesse avec laquelle la pointe
du va - vient & les tringles feront leur chemin, variera à la vérité ;
mais la longueur de ce chemin restera la même qu'elle étoit auparavant:
en effet que la pointe marche vîte ou lentement dans sa courbe, elle
arrivera, il est vrai, plus vîte ou plus lentement sur les points extré-
mes de cette courbe ; mais elle y arrivera, & ne rétrogradera qu'après y
être arrivée.*

*Il suit delà que le double demi-pas de vis , aussi bien que la distance
entre les tringles & les guindres, restant les mêmes ; on pourra supposer
les diametres de ces poulies o & q dans quel rapport on voudra , sans
que la largeur de l'écheveau en reçoive le moindre changement.*

IV. *J'observerai en quatriéme lieu que si, en conséquence de ce qui
vient d'être dit, on suppose pour un moment,* 1.º *que le diametre de la
poulie o est à celui de la poulie q , comme* un *est à* deux; 2.º *qu'avant
de mettre le moulin ou les guindres en mouvement, on a placé la pointe
n* [Fig. 3] *à une des extrémités de sa courbe ;* 3.º *qu'avant, aussi, de
mettre le moulin en mouvement, on a passé un fil de soie sortant d'un
des fuseaux, dans une des boucles des guides, & qu'on a attaché ce
même fil à l'une des lames d'un guindre , ensorte que le point de la
lame auquel il est fixé, le centre de la boucle par laquelle il passe, &
l'axe de la pointe n seroient tous dans un même plan vertical qu'on ima-
gineroit, & qui seroit perpendiculaire à l'axe du guindre ;* 4.º *enfin
qu'après cet arrangement on a mit le moulin en mouvement , & qu'on a
fait faire à la lame du guindre, à laquelle le fil est attaché, une révolution ;
cette révolution faite ,* 1.º *comme la poulie q* [Fig. 2] *est supposée
avoir un diametre double de celui de la poulie o , le cylindre du* va-vient
*n'aura fait que la moitié de sa révolution pendant la révolution entiere
du guindre.* 2.º *Après cette même révolution du guindre, & cette moitié*

de

de celle du cylindre, la pointe n, *qui étoit partie d'une des extrémités de sa courbe, sera arrivée à l'autre extrémité.* 3.° *Le fil aura décrit sur le guindre une espéce d'hélice quarrée, qui seroit une véritable hélice si le guindre étoit cylindrique.* 4.° *Enfin il sera arrivé sur la lame à laquelle il aura été attaché, mais à un point de cette lame différent du point d'attache.*

Comme en continuant de mettre le moulin en mouvement la pointe rétrograderoit, il est évident que la distance qui se trouvera sur la lame entre les deux points ci-dessus, sera la plus grande possible dans l'état supposé des choses ; ainsi cette distance sera égale à toute la largeur que l'écheveau pourra avoir dans ce même état des choses ; elle sera donc ce que nous nommerons largeur de l'echeveau.

D É M O N S T R A T I O N.

V. Mᴀɪɴᴛᴇɴᴀɴᴛ , *& pour venir à la démonstration de l'analogie ci-dessus, laissons subsister le rapport d'un à deux entre les diametres des poulies du* va-&-vient; *supposons les boucles & tringles des guides paralleles aux guindres, mais dans un éloignement quelconque de leurs lames, & faisons abstraction de la hauteur du pas de vis.*

Les choses étant dans cet état, attachons ou imaginons attaché, 1.° *à un même point de la lame du guindre la plus proche de la tringle, un fil plié en deux, ou deux brins de fil assez longs :* 2.° *passons ces brins pendans, l'un dans une boucle que nous supposerons immobile & non assujettie au mouvement du* va-vient, *l'autre au contraire dans une mobile, & assujettie à ce mouvement ; imaginons cependant que les centres de ces deux boucles sont si près l'un de l'autre que les fils se touchent dans toute leur longueur:* 3.° *mettons, ou supposons aux extrémités inférieures de ces brins (& au-dessous de ces boucles) quelque chose de pesant pour les roidir ;* 4.° *plaçons la pointe* n *du* va &-

vient, enforte qu'elle réponde précifément à l'extrémité du pas de vis vers la droite, c'eft-à-dire, vers le rouage du moulin [Fig. 3]; 5.° enfin arrangeons le tout de façon que l'axe de la pointe n, le point où les deux fils tiennent au guindre, celui où fe touchent les deux boucles dans lefquelles ils font, & les deux brins mêmes (fuppofés accolés l'un à l'autre) foient dans un même plan vertical & perpendiculaire aux tringles des guides, à l'axe du guindre, & conféquemment à celui du cylindre du va-&-vient.

Si toutes chofes ainfi préparées, on met le moulin en mouvement, d'abord qu'il y entrera, le fil de la boucle immobile montera fur le guindre fans s'écarter du plan vertical dont on vient de parler; celui de la boucle mobile y montera auffi, mais diagonalement, & en s'écartant du même plan vertical, parce qu'il fera entraîné à la fois par deux forces qui auront leurs directions différentes; favoir, 1.° par le point de la lame du guindre à laquelle il tient, & qui aura fa direction perpendiculaire à l'axe de ce guindre; 2.° par la boucle mobile qui le pouffera de droite à gauche, & parallelement au même axe.

VI. En fecond lieu, lorfque le guindre aura fait une révolution, une longueur de fil égale à celle du pourtour du guindre, fera montée de la boucle immobile fur ce même guindre, & y formera un quarré qui fera dans le plan vertical ci-deffus ; il fera monté de la boucle mobile fur le même guindre, & diagonalement, comme on a dit, une longueur de fil un peu plus forte ; il reftera entre la boucle immobile & la lame du guindre où le fil a été attaché, une longueur de fil qui fera toujours dans le plan vertical ci-deffus; il reftera une autre longueur de fil entre la boucle mobile & la même lame, & cette longueur-ci fera inclinée au plan vertical.

VII. En troifiéme lieu, il y aura (après cette même révolution du guindre) entre la boucle immobile & celle mobile, une diftance dont *la ligne qui la marqueroit feroit perpendiculaire au plan ci-deffus ; cette diftance fera égale à la longueur ou hauteur du pas de vis par la premiere obfervation ci-deffus (a). Il y aura fur la lame du guindre la plus proche des boucles, entre* le fil de la boucle immobile & celui de la mobile, une diftance ; & la ligne de cette diftance fera perpendiculaire auffi au plan ci-deffus ; elle fera par conféquent parallele à la ligne de diftance des boucles entr'elles. Cet efpace entre les fils, fur la lame, fera* la largeur de l'écheveau *par la quatriéme obfervation ci-deffus (b).*

VIII. *Pour peu qu'on y fera attention on concevra que cette largeur de l'écheveau, avec les deux parties de fil dont le guindre s'eft chargé par cette révolution, formeroient, fi ces parties de fils étoient développées, un triangle rectangle dont le plan feroit peependiculaire au plan ci-deffus : la hauteur en feroit la partie de fil montée de la boucle immobile fur le guindre, & cette hauteur feroit égale au pourtour du guindre ; la bafe en feroit la largeur de l'écheveau, & la partie du fil montée de la boucle mobile en feroit l'hypothenufe.*

IX. *Fixons donc maintenant ces fils à leurs boucles de façon qu'ils ne puiffent plus s'y gliffer pour monter ou defcendre, & imaginons-nous que les boucles étant & reftant toujours dans la même diftance l'une de l'autre, la tringle à laquelle elles font fuppofées fixées, s'éloigne du guindre parallelement à elle-même, & perpendiculairement au plan vertical ci-deffus......*

Lorfque la tringle fe fera affez éloignée pour avoir fait faire au guindre une révolution en fens contraire de la premiere, il eft évident, 1.° que le triangle rectangle ci-deffus fe fera développé ; 2.° que fa hauteur & fon hypothénufe formeront, avec les deux parties de fil reftées

---

entre les boucles & la lame du guindre avant ce développement, &
avec la ligne de diſtance d'une boucle à l'autre, un nouveau triangle
rectangle dont le premier ſera partie; 3.º que ces deux triangles, qui
ont chacun un angle droit, & un angle commun (ſavoir, celui dont le
ſommet eſt au point d'attache des fils ſur la lame du guindre), ſont
ſemblables.

X. *Ainſi la hauteur du petit triangle ſera à la hauteur du grand, comme*
la baſe du petit ſera à la baſe du grand; or la hauteur du petit eſt
égale au pourtour du guindre (N.º VI); la hauteur du grand eſt égale
à ce pourtour, plus la longueur de fil, de la boucle immobile, qui faiſoit
la diſtance de cette boucle à la lame du guindre la plus proche de la
tringle (N.º VI & IX); la baſe du petit eſt la largeur de l'écheveau
(N.º IV & VII); la baſe du grand eſt la diſtance d'une boucle à l'autre
(N.º VII), laquelle diſtance eſt égale à la hauteur du demi-pas de vis
(N.º I); donc le pourtour du guindre eſt à ce même pourtour plus la
diſtance de la lame la plus proche des boucles des guides à ces mêmes
boucles, comme la largeur de l'écheveau eſt à la hauteur ou longueur
que doit avoir le demi-pas de vis propre à donner cette largeur à
l'écheveau.

§. 5.

Tracer le demi-pas de vis ſur le Cylindre.

P O U R tracer ſur le cylindre ce double demi-pas, il faudra,
.º remettre ce même cylindre ſur le tour, & tirer ſur la ſurface de
ſa partie la plus longue, & à quatre pouces quatre lignes de diſtance
de la gorge de ſa poulie, un trait circulaire. Il en faudra tirer un autre à 15,4 (*a*) lignes plus loin, ou plutôt à ſeize lignes juſte, & toujours
en s'éloignant de la poulie. Enſuite, ſur chacun de ces traits circulaires & de chaque côté du cylindre, ſera marqué un point, enſorte

---

(*a*) Page 118, avant la remarque.

que chacun de ces points fera, dans fa circonférence, diamétralement oppofé à l'autre dans la fienne ; & qu'ils feront tous deux dans le plan qui pafferoit par l'axe du cylindre & par l'un de ces points. *Il feroit bon auffi que par chacun de ces points on tirât fur la furface du cylindre deux lignes paralleles à fon axe.*

2.º A chacun de ces points il faudra ficher une petite pointe fine de fil de fer, attacher à l'une un fil de foie, le faire paffer fur l'autre en le bandant, delà le conduire & l'attacher à la premiere. Ce fil de foie décrira fur le cylindre le double demi-pas de vis, & marquera la ligne que décrira l'axe de la pointe n [*Fig.* 3] du *va-&-vient*, dans fes allées & venues.

3.º Cette pointe, revêtue de fon petit cylindre creux de cuivre qui y tournera comme fur fon axe (*a*), aura de l'épaiffeur ; fi l'on fuppofe cette épaiffeur de cinq lignes & demie, il faudra donner fix lignes environ de largeur au double demi-pas de vis à creufer daus le cylindre.

4.º pour le tracer, & le creufer enfuite fur cette largeur, il faudra à l'un des côtés du cylindre, & parallelement au fil de foie, tracer une ligne au-deffus de ce fil, & une autre au deffous, lefquelles en feront diftantes chacune de *trois lignes*. Faifant la même chofe de l'autre côté du cylindre, on aura le pas de vis tracé ; conféquemment on ôtera le fil de foie & les pointes, comme n'étant plus utiles (*b*).

5.º En travaillant ou creufant dans le cylindre cette efpéce de courbe, il faudra bien menager fes bords, & les points de raccorde-

---

(*a*) Page 42.

(*b*) Une languette de papier pliée & bien droite, pourra fervir de régle pour tirer ces paralleles. Elles doivent fe raccorder deux à deux, & former un angle au-deffus & un autre au-deffous du cylindre, c'eft-à-dire, aux points de raccordemens. Ces points fe trouveront dans les lignes paralleles à l'axe que nous venons de dire devoir être tirées fur la furface du cylindre, fi l'on a bien opéré.

ment des deux demi-pas de vis ; il faudra auffi y préfenter fouvent
la pointe du *va-&-vient*, & creufer de part & d'autre, jufquà ce qu'en
tenant la pointe perpendiculairement, & en tournant le cylindre, elle
joue aifément dans toutes les parties de la courbe, & s'y enfonce
également par-tout : il ne faut pas cependant qu'elle y ait trop de
jeu, ni qu'elle touche le fond de cette courbe.

§. 6.

Conftruction des Tringles des guides.

P a r la conftruction que nous venons d'indiquer du cylindre du
va-&-vient dans cet article, par fon emplacement & celui de ces
appuis, marqués au § 3 de ce même article, il eft vifible que
la traverfe *e f* [*Fig.* 2] qui joindra les tringles des guides, ne fe
trouvera pas, comme dans cette Figure, plus du côté des montans A, B, que de ceux C, D; & qu'au contraire elle traverfera
la largeur du moulin, précifément par le milieu de la longueur de
l'efpace compris entre les montans A, B; C, D. Rien n'empêchera
que la traverfe *e f* ne foit à cet endroit; car par la pofition indiquée
ci-deffus (*a*), des petits montans fervant d'appuis aux collets & tourillons des guindres, il doit refter entre chaque paire d'appuis des
tourillons, un efpace d'environ fix pouces: or cet intervalle eft beaucoup plus que fuffifant pour que cette traverfe ne foit pas gênée
dans fes allées & venues ; puifque les plus longues feront de feize
lignes, ainfi qu'il a été dit (*b*).

II. Cette traverfe aura trois pieds dix pouces de longueur hors
d'œuvre, les vis à fes extrémités non comprifes : les tringles des guides qu'elle joindra, auront chacune *fept pieds* ou *fept pieds deux*

(*a*) Pages 88 & 89.
(*b*) N.º 1.º du § précédent.

pouces de longueur ; elles ne pourront donc pas, comme dans la Fig. 2, être chacune d'une feule piéce ; elles pourront encore moins être foutenues par deux confoles feules attachées aux montans A, C ou B, D : ainfi elles feront chacune de trois piéces ; favoir, une dans le milieu d'un pouce en quarré d'épaiffeur, fur un pied de longueur ; & deux autres de huit lignes en quarré d'épaiffeur, fur trois pieds un pouce de longueur, en ce non comprife une partie de deux pouces de longueur, dont chacune entrera dans la piéce du milieu pour faire avec elle une feule tringle de la longueur ci-deffus de fept pieds deux pouces.

III. Indépendamment des deux confoles *h h* attachées aux montans A, C & B, D [*Fig.* 2] (*a*), il faudra à quatre pouces de diftance & à chaque côté du milieu de la face A C & de celle B D du moulin, monter dans l'épaiffeur de la traverfe de longueur (dans laquelle porteront les tenons inférieurs des montans des guindres), un bout de traverfe ou équerre de bois, dont la branche montante, & qui aura trois ou quatre pouces de hauteur, fera refendue comme en *i* [*Fig.* 8] : la fente fera faite affez large pour donner paffage, & fervir de cou- liffe à la piéce du milieu de la tringle ; ce font les confoles qui en ferviront à l'égard des piéces latérales de cette même tringle ; enforte que chaque tringle aura quatre appuis ou couliffes.

I V. Les deux tringles feront jointes dans le milieu de leur longueur par la traverfe *e f* [*Fig.* 2] ; mais aulieu d'être viffée fur elle - même, comme elle eft dans cette Figure, à chaque extrémité elle portera un goujon de fer de trois ou quatre lignes d'épaiffeur & de deux pouces de longueur, lequel fera viffé, & fervira par fa petite écroue (auffi de fer & *à main*) à affurer chaque tringle contre l'em- bafe de la traverfe.

(*a*) Voyez auffi la Figure 8.

On pourra, fi l'on veut, (ce que je ne crois pas bien néceffaire), confolider cette efpéce de chariot par deux autres traverfes paralleles à celle *e f*, mais bien plus petites qu'elle, & mifes chacune à environ deux pieds de la premiere ; elles feront affemblées aux tringles par leurs petits goujons de fer viffés, & de la même facon que la premiere.

V. Il faudra, avant de faire porter la pointe du *va-&-vient* dans fa courbe, effayer fi le chariot fe meut aifément dans fes couliffes, & en diminuer les frottemens le plus que l'on pourra : on les diminuera de beaucoup fi dans le bas de chaque fente ou couliffe des tringles, on monte, fur fon effieu de fil de fer un peu gros, une très-petite bobine ou poulie, enforte que les tringles portent & fe meuvent fur ces petites bobines, mobiles elles-mêmes fur leurs effieux.

V I. Pour fixer fur les tringles les boucles aux endroits où elles doivent être, il faudra, 1.º placer & arrêter les tringles fur leurs appuis, de forte que chaque milieu de leur longueur réponde parfaitement au milieu de la face du moulin, au-devant de laquelle elles feront chacune. 2.º Attacher à *quatorze lignes de diftance* de chaque extrémité d'une lame d'un guindre, un fil qui, par le bas, portera un peu de plomb. 3.º Après avoir paffé ces deux fils fur la tringle, on marquera fur cette tringle les deux points auxquels ils répondent. 4.º Après avoir répété, pour chacun des autres guindres & des parties des tringles qui y correfpondent, les opérations ci-deffus ; on partagera l'efpace entre chaque paire de points marqués, en *dix-huit* parties égales ; ce qui donnera *dix-neuf* points de divifion, en comptant celui d'où l'on fera parti ; ces points feront ceux où l'on fixera les boucles par lefquelles les fils qui doivent former *dix-neuf écheveaux* d'un pouce de largeur fur chaque guindre, pafferont. Par cette pofition des boucles, il reftera entre deux écheveaux environ fix lignes de vuide, ce qui fuffira pour paffer les doigts & lier les écheveaux faits.

ARTICLE

ARTICLE V.

Du Compte - tours.

LE Tourneur qui aura vu quelques horloges en bois, ou qui faura ce que c'eſt que des petites roues de bois à dents coniques placées dans les plans de ces roues, ne fera pas en peine d'exécuter le *compte-tours* fur ce que j'en ai dit dans la feconde Partie, Chap. I.er Art. IV : pour plus d'éclairciffement cependant, à ce que j'ai dit là j'ajouterai ici (*a*), 1.º que la cage qui renferme ce rouage eſt compofée de deux planchettes de fix pouces en quarré chacune, affemblées, à une diſtance dans-œuvre d'environ deux pouces & demi, par quatre petits piliers ou boulons de bois de cornouiller, à double embafe & clavette, & femblables à celui de la Figure 7, mais plus petits : on voit les têtes de ces boulons vers les angles du cadran [*Fig.* 3] qui eſt l'élévation d'une de ces planchettes.

2.º Des trous correfpondans les uns aux autres , & faits dans les deux planchettes, fervent d'appuis aux tourillons des arbres horizontaux des petites roues dont on a parlé à l'endroit qui vient d'être cité ; & pour les empêcher de tourner dans d'autre tems que celui de l'engrenage avec les dents de fil de fer, on a fixé dans la planchette de derriere, & à fon intérieur , les queues de petits refforts qui appuient contre l'embafe d'un des tourillons de chaque arbre. Ces refforts font des petites branches de fil de fer battu à froid. L'arbre de la roue du cadran qui porte l'aiguille d'un côté, porte de l'autre, par derriere, & en dehors de la boëte, une manivelle de fil de fer qui fouleve le marteau pour le faire battre fur le timbre.

3.º Cette machine recoit le mouvement, comme on l'a dit, par

(*a*) Voyez une feconde fois l'article cité, avant de lire ce qui fuit.

un cordon fans fin de foie : ce cordon partant d'une petite poulie ouverte fur l'arbre d'un guindre, (comme on le voit en la Fig. 3), va traverfer la table fupérieure de la cage des guindres par une ouverture qui y eft faite de trois lignes de largeur, fur un pouce & demi de longueur ; delà il va fe rendre dans la gorge de la petite poulie du cylindre auquel eft fixée la premiere dent de fil de fer. Le cordon, en faifant tourner ce cylindre, met en jeu toute la machine.

4.° Ce même cordon a fon petit chariot contre-poids comme les autres. Il joue dans une ouverture horizontale de trois lignes de largeur faite dans la planchette de derriere, vers le bas de cette planchette. La corde du poids qui répond à ce chariot, eft d'abord conduite du crochet du chariot, au-deffous, & dans la gorge d'une petite poulie fixée à l'extrémité gauche de l'ouverture faite dans la planchette de derriere ; enforte que cette poulie fe trouve, avec cette ouverture, fur une même ligne horizontale : delà, cette corde paffe au-deffus & dans la gorge d'une autre petite poulie fixée vers le haut du même côté gauche de cette planchette de derriere : c'eft à cette derniere poulie que le poids eft fufpendu : il produit fon effet en tirant (moyennant fa corde qui paffe fous la premiere poulie dont on vient de parler) le petit chariot horizontalement, & de droite à gauche.

Les gorges de ces deux poulies, auffi bien que la gorge de celle que porte le petit chariot, font dans un même plan vertical, & leurs axes font perpendiculaires à l'intérieur de la planchette de derriere.

5.° Il fe trouve, derriere la planchette du devant (qui eft celle du cadran), un petit affemblage en bois, que voici :

C'eft une femelle qui, de part & d'autre, déborde la planche du cadran, ainfi qu'on le voit au bas de cette planche [*Fig. 3*]. Dans cette femelle font fixés deux petits pieds-droits ou montans, qu'on ne peut pas voir dans la Figure , & qui ont pour hauteur celle de la planchette du cadran. Les quatre boulons traverſent ces montans , & leurs premieres clavettes portent contre: par-là , ce petit aſſemblage eſt joint à la machine , & fait corps avec elle.

6.º Les parties de la ſemelle qui débordent de part & d'autre la planche du cadran, ſont percées ; & deux trous correſpondans à ces ouvertures, ſont faits dans la table ſupérieure du chaſſis des guindres ; enſorte qu'en paſſant par-là des vis à têtes, & les faiſant engrener avec leurs écroues à main par deſſus la ſemelle (ainſi qu'on le voit *Fig.* 3), on fixe le *compte-tours* à cette table ſupérieure.

7.º Je ne vois rien à ajouter à ce que je viens de dire , pour faire le *compte-tours* du Moulin à deux vargues, ſi ce n'eſt que comme ce rouage doit être placé bien plus haut qu'il n'eſt au moulin décrit , il faut le faire bien plus grand. On ne riſque rien de donner un pied en quarré à la planche du cadran, & autant à celle de derriere, pour former la boëte : la machine n'en ſera que quatre fois plus aiſée à faire ; puiſque les roues & les dents s'aggrandiront proportionnellement.

OBSERVATION.

IL ne faut employer à la charpente du Moulin que du bois bien ſec ; celui des piéces qui ſeront à travailler au tour ·ſera, avec cela, le plus dur. On fera très-bien encore de ne pas ſe contenter de ces deux qualités pour celui-ci, & il ſera bon, après l'avoir débité, de le faire bouillir dans l'eau pendant trois quarts d'heure ou une heure. On le laiſſera enſuite ſécher à couvert & à l'ombre, au moins pendant un mois, avant de le travailler ; & l'on ſera ſûr que les arbres des guindres, & les autres piéces qui auront paſſé par là, ne ſe tourmenteront plus.

Si l'on dit que cette opération diminue la force du bois, je répondrai que je l'ai pratiquée autrefois fans m'être apperçu qu'elle produifit cet effet ; d'ailleurs les piéces d'un Moulin à foie, tel que celui-ci, ont fi peu de fatigue qu'elles n'ont pas befoin d'une fi grande force pour durer très-long-tems. Les fufeaux font les feuls qui, à caufe de la grande vîteffe de leur rotation pendant le travail du Moulin, ont beaucoup de fatigue ; c'eft auffi pour les mettre en état d'y réfifter, qu'on les fait de fer, & qu'ils fe meuvent fur le cuivre. Il eft effentiel aux autres piéces qu'elles tournent toujours *rondement*, comme difent les Tourneurs : ·or il y en aura plufieurs (telles que les arbres des guindres) qui ne le feront pas long-tems fi l'on n'a pas penfé à ôter au bois qui les compofe, ce qui eft caufe qu'il fe tourmente. Quelques perfonnes mettent pendant deux ou trois mois d'été le bois dans la riviere, elles le laiffent fécher enfuite, pendant un affez long-tems, avant de le travailler ; cela produit le même effet.

SECONDE OBSERVATION.

INDÉPENDAMMENT de l'huile dont on fe fert dans les machines pour frotter les parties métalliques qui travaillent fur le métal, & y ont un mouvement vif, & du favon dont on frotte celles de bois qui fe meuvent fur le bois, il faut faire ufage ici de la réfine pour frotter les cordes & cordons fans-fin, & les empêcher de couler fur les poulies.

FIN.

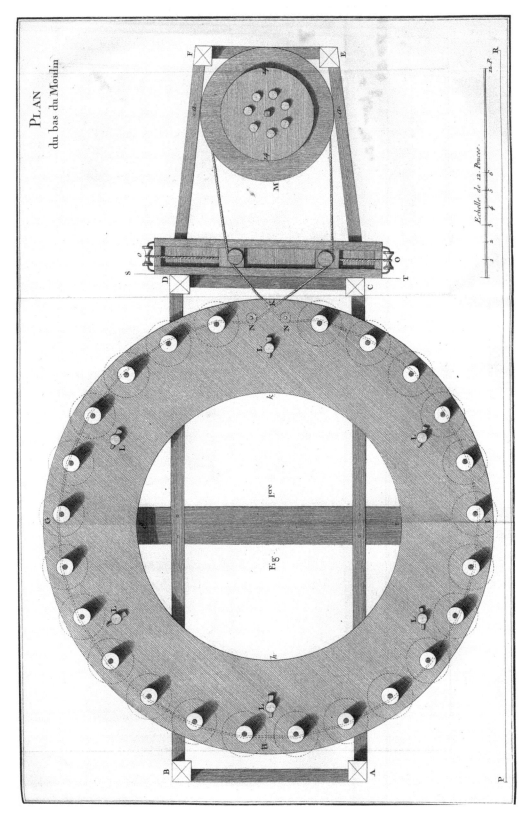

PLAN
du bas du Moulin

Fig. Iere

Echelle de 12 Pouces.

The material originally positioned here is too large for reproduction in this reissue. A PDF can be downloaded from the web address given on page iv of this book, by clicking on 'Resources Available'.

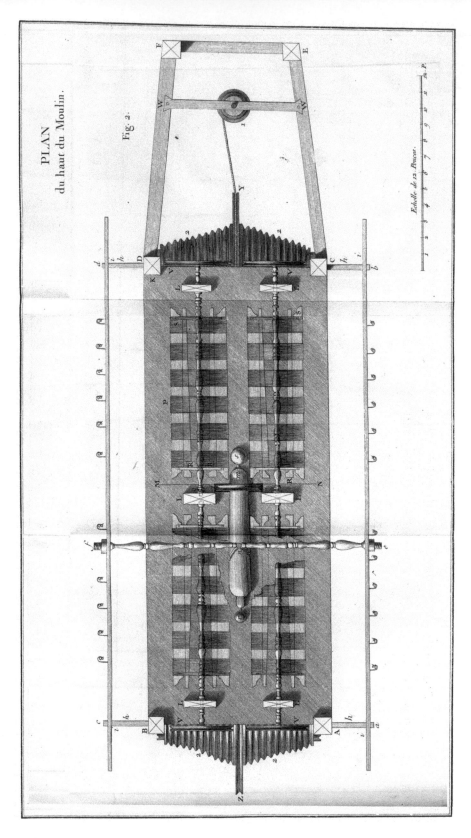

PLAN
du haut du Moulin.

Fig. 2.

Echelle de 12 Pouces.

The material originally positioned here is too large for reproduction in this reissue. A PDF can be downloaded from the web address given on page iv of this book, by clicking on 'Resources Available'.

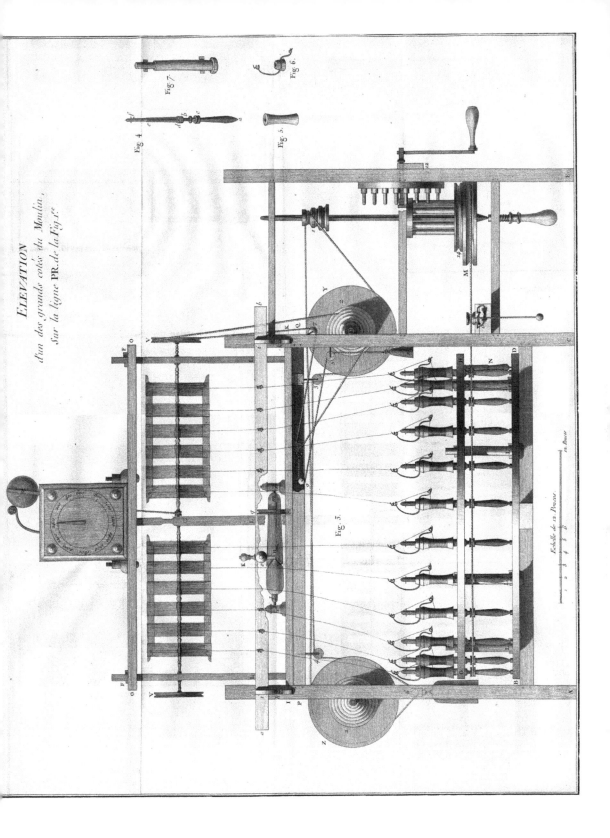

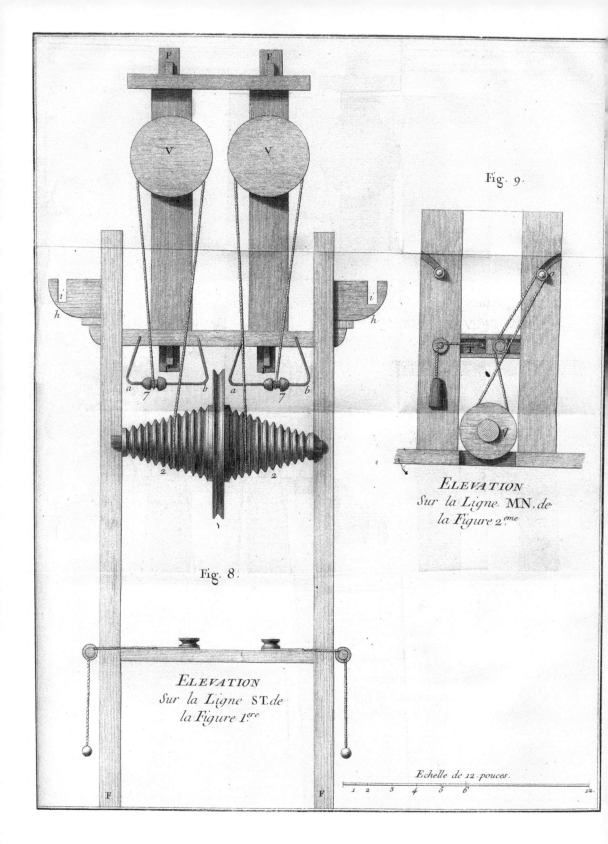

Fig. 9.

ELEVATION
Sur la Ligne MN. de
la Figure 2.eme

Fig. 8.

ELEVATION
Sur la Ligne ST. de
la Figure 1.ere

Echelle de 12 pouces.

1 2   3   4   5   6   12.

Milton Keynes UK
Ingram Content Group UK Ltd.
UKHW032139181024
449640UK00018B/247